Guillaume Haiat

Imagerie ultrasonore : du contrôle non destructif à la
biomécanique

Guillaume Haiat

Imagerie ultrasonore : du contrôle non destructif à la biomécanique

Caractérisation acoustique par une approche de type sciences de l'ingénieur : des cuves de réacteurs nucléaires à l'os

Presses Académiques Francophones

Impressum / Mentions légales

Bibliografische Information der Deutschen Nationalbibliothek: Die Deutsche Nationalbibliothek verzeichnet diese Publikation in der Deutschen Nationalbibliografie; detaillierte bibliografische Daten sind im Internet über http://dnb.d-nb.de abrufbar.
Alle in diesem Buch genannten Marken und Produktnamen unterliegen warenzeichen-, marken- oder patentrechtlichem Schutz bzw. sind Warenzeichen oder eingetragene Warenzeichen der jeweiligen Inhaber. Die Wiedergabe von Marken, Produktnamen, Gebrauchsnamen, Handelsnamen, Warenbezeichnungen u.s.w. in diesem Werk berechtigt auch ohne besondere Kennzeichnung nicht zu der Annahme, dass solche Namen im Sinne der Warenzeichen- und Markenschutzgesetzgebung als frei zu betrachten wären und daher von jedermann benutzt werden dürften.

Information bibliographique publiée par la Deutsche Nationalbibliothek: La Deutsche Nationalbibliothek inscrit cette publication à la Deutsche Nationalbibliografie; des données bibliographiques détaillées sont disponibles sur internet à l'adresse http://dnb.d-nb.de.
Toutes marques et noms de produits mentionnés dans ce livre demeurent sous la protection des marques, des marques déposées et des brevets, et sont des marques ou des marques déposées de leurs détenteurs respectifs. L'utilisation des marques, noms de produits, noms communs, noms commerciaux, descriptions de produits, etc, même sans qu'ils soient mentionnés de façon particulière dans ce livre ne signifie en aucune façon que ces noms peuvent être utilisés sans restriction à l'égard de la législation pour la protection des marques et des marques déposées et pourraient donc être utilisés par quiconque.

Coverbild / Photo de couverture: www.ingimage.com

Verlag / Editeur:
Presses Académiques Francophones
ist ein Imprint der / est une marque déposée de
AV Akademikerverlag GmbH & Co. KG
Heinrich-Böcking-Str. 6-8, 66121 Saarbrücken, Deutschland / Allemagne
Email: info@presses-academiques.com

Herstellung: siehe letzte Seite /
Impression: voir la dernière page
ISBN: 978-3-8381-7511-9

HABILIATION A DIRIGER DES RECHERCHES
DE L'UNIVERSITÉ PARIS - EST

ECOLE DOCTORALE SCIENCES ET INGENIERIE :
MATERIAUX - MODELISATION - ENVIRONNEMENT

présentée par :
Guillaume Haïat

Pour l'obtention de l'Habilitation à Diriger des Recherches
de l'université Paris - Est

Discipline : Sciences pour l'ingénieur

Soutenue le
devant le jury composé de :

M. Marc DESCHAMPS	Directeur de Recherches CNRS
M. Christian FRETIGNY	Directeur de Recherches CNRS
M. Salah NAILI	Professeur, Université Paris-Est
M. Takahiko OTANI	Professeur, Université Doshisha
M. Frédéric PATAT	Professeur - Praticien Hospitalier, Université de Tours
M. Daniel ROYER	Professeur, Université Paris Diderot
M. Philippe ZYSSET	Professeur, TU Vienne, Autriche

Résumé

Une méthode d'inversion de données ultrasonores a été développée dans le contexte du contrôle non destructif par ultrasons des cuves de réacteurs à eau pressurisée. L'objectif de ce travail est de positionner d'éventuels défauts de type fissure, détectés à travers un revêtement de nature anisotrope et dont la surface est irrégulière. Cette méthode basée sur la simulation a été validée expérimentalement et est actuellement utilisée sur site pour les défauts problématiques.

J'ai utilisé mes compétences en acoustique ultrasonore dans le cadre des travaux menés à bien dans le contexte de la caractérisation biomécanique du tissu osseux. Premièrement, des méthodes de caractérisation destinées à estimer la qualité osseuse de l'os trabéculaire ont été développées. Un dispositif de transmission transverse a été utilisé afin de mesurer la valeur des paramètres ultrasonores de fémurs humains intacts *ex vivo*. Le développement de méthodes de traitement du signal adaptées a permis la mise au point de procédures d'optimisation des mesures. Le couplage d'outils de simulation numérique avec des techniques d'imagerie à haute résolution a permis d'estimer la sensibilité des paramètres ultrasonores à des modifications de propriétés osseuses en développant une approche *in silico* de l'ostéoporose. Une approche similaire a permis de mieux comprendre les déterminants physiques des deux ondes longitudinales dans ce milieu poroélastique (ondes lente et rapide). Des modèles d'homogénéisation de l'os trabéculaire destinés à passer des échelles microscopique à macroscopique et prenant en compte le couplage des effets de l'absorption viscoélastique et de la diffusion multiple ont été développés. Deuxièmement, je me suis intéressé à la caractérisation de l'os cortical. Une approche expérimentale multimodale (ultrasons, rayons X, microscopie) a permis de mieux comprendre la propagation ultrasonore à 4 MHz dans ce milieu fortement hétérogène. Une technique de traitement du signal utilisant une décomposition en valeur singulière a permis d'identifier une nouvelle contribution mesurée à l'aide d'un dispositif de transmission axiale. Deux outils complémentaires de simulation numérique par éléments finis destinés à modéliser la configuration de transmission axiale ont été développés. Cette approche a été mise à profit afin de prendre en compte l'effet d'un gradient de propriétés matérielles sur la réponse ultrasonore de l'os cortical.

Des modèles analytiques exacts couplant la mécanique du contact viscoélastique et la physique de l'adhésion ont été développés. Un modèle de portée générale a d'abord été mis au point, puis des simplifications portant notamment sur la zone d'interaction adhésive ont permis de simplifier les calculs et de montrer l'importance des phénomènes de relaxation des contraintes de compression dans la zone de contact, qui sont responsable d'une phase de "collage". Ces travaux ont été étendus à la prise en compte d'une surface rugueuse, ce qui pourrait permettre dans le futur de mieux comprendre les phénomènes non-linéaires de propagation ultrasonore dans l'os et d'être capable de remonter à son état de microfissuration.

Abstract

A method aiming at inverting ultrasonic data obtained during the non destructive evaluation of pressure vessels of nuclear power plants has been developped. The aim of this
work is to locate possible crack-like defects, detected through an anisotropic cladding
having an irregular surface. This model-based method has been validated experimen-
tally and is now routinely used on site for problematic defects.

I have used my knowledge in the domain of ultrasound in the framework of the biomechanical characterization of bone. Firstly, characterization methods aiming at esti-
mating trabecular bone quality have been developed. A transverse transmission set up
has been used in order to measure the ultrasonic parameters in intact human femurs
ex vivo. The development of adapted signal processing techniques allowed optimiza-
tion procedures of the ultrasonic measurements. The coupling of numerical simulation
tools with high resolution imaging techniques led to the estimation of the sensitivity
of quantitative ultrasonic parameters to controlled modifications of bone properties by
considering an *in silico* approach of osteoporosis. A similar approach allowed a better understanding of the physical determinants of two longitudinal wave modes in this
poroelastic medium (slow and fast wave modes). Homogenization models of trabecular bone aiming at determining bone properties at the macroscopic scale by taking
into account viscoelastic and multiple scattering effects have also been developed. Se-
condly, I focused my interest on the characterization of cortical bone. A multimodal
experimental approach (ultrasound, X-rays, microscopy) allowed a better understanding of ultrasonic propagation at 4 MHz in this highly heterogeneous and dispersive
medium. A signal processing technique based on a singular value decomposition led to
the identification of a new contribution measured using an axial transmission device.
Two complementary finite element numerical simulation tools aiming at modelling the
axial transmission configuration have been developed. This approach has been used in
order to study the effect of a gradient of material properties on the ultrasonic response
of cortical bone.

Exact analytical models coupling viscoelastic contact mechanics and physics of adhesion have been considered. A general model has first been developed and simplifications
of the treatment of the interaction zone have shown the importance of relaxation phe-
nomena of compressive stresses in the contact zone, which are responsible for a "stick"
regime. These works have been extended in order to account for a rough surface, which
may lead in the future to a better understanding of non linear ultrasonic propagation
in bone and to the development of evaluation tool dedicated to the estimation of micro
cracks density.

Table des matières

Introduction Générale

0.1 Une approche du type Sciences de l'Ingénieur

Les domaines d'application des différents travaux abordés dans ce document sont divers. Leur point commun se caractérise par l'approche du type Sciences de l'Ingénieur utilisée pour les mener à bien, qui est décrite schématiquement dans la Fig. 1. En particulier, les différentes problématiques qui ont constitué le contexte de mes travaux ont été motivées soit directement par un industriel (ex : Framatome) ou par des problématiques générales issues de besoins sociétales forts (ex : vieillissement de la population).

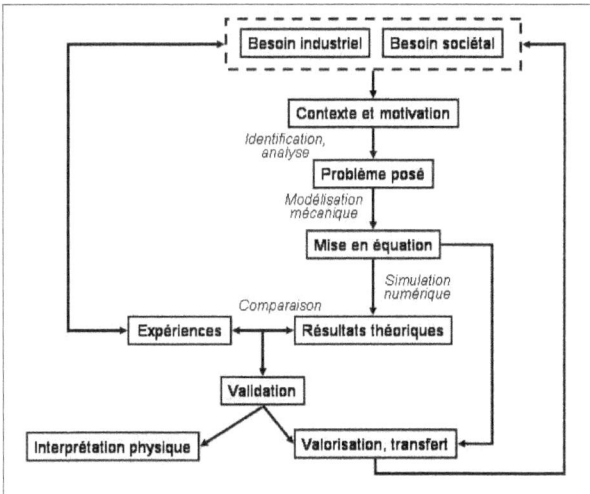

Fig. 1 – Représentation schématique de l'approche menée à bien dans le cadre des travaux decrits dans ce document

La première phase du travail consiste en une phase de synthèse et d'identification du problème posé afin d'extraire les mécanismes prépondérants jouant un rôle dans les phénomènes mis en jeu. Ce travail consiste souvent en une mise en oeuvre de modèles mécaniques adaptés à la complexité des phénomènes identifiés. Des approximations judicieuses, couplées à des hypothèses adaptées constituent le point central et l'originalité des travaux menés. Ces approximations sont toujours motivées par les objectifs à atteindre et les problèmes posés.

La deuxième phase du travail est constituée par la mise en oeuvre d'outils de simulation numérique utilisant les modèles mécaniques développés. Pour ce faire, des outils d'analyse numérique et de calcul scientifique efficaces et avancées sont nécessaires afin d'obtenir un compromis entre une précision adaptée aux exigences imposées par le contexte de l'étude et des temps de calculs acceptables pour l'application visée.

La troisième phase du travail consiste en une validation expérimentale des approches mises en oeuvre. Pour ce faire, deux approches complémentaires ont été envisagées. Les résultats expérimentaux disponibles dans la littérature peuvent d'abord être utilisés afin de les comparer avec les résultats obtenus avec le modèle développé. Lorsque ces résultats ne sont pas disponibles dans la littérature, j'ai mené à bien des expériences afin de valider les approches mises en oeuvre.

La quatrième phase porte sur l'interprétation physique des résultats et sur les apports de l'approche considérée quant à une meilleure compréhension des mécanismes mis en jeu dans les phénomènes pris en compte. La variation de paramètres adéquats, l'évolution consécutive des quantités prédites et la sensibilité des différents paramètres constituent des moyens efficaces de mieux comprendre les déterminants physiques des phénomènes. D'éventuels écarts entre expériences et résultats théoriques peuvent parfois aussi être instructifs quant à l'importance relative des différents phénomènes.

La cinquième et dernière phase concerne la valorisation et/ou le transfert industriel (ou clinique) des recherches menées. Les délais nécessaires pour ces transferts peuvent varier dans le temps, selon le degré d'application du travail réalisé. Par exemple, les travaux que j'ai réalisés dans le domaine du contrôle non destructif ont été utilisés sur site rapidement après la fin de ma thèse. Dans ce cas, ce transfert requiert une quantité importante de travail afin de transférer les méthodes dans un environnement industriel. D'autres travaux (ex : modèles de diffusion multiple dans l'os trabéculaire) ne sont pas susceptibles de mener immédiatement à une utilisation industrielle, puisqu'ils visent à mieux comprendre les phénomènes mis en jeu, ce qui permettra par la suite de développer des outils industriels ou clinique adaptés. Dans ce cas, un travail de communication (publications, congrès) doit être entrepris afin de partager les connaissances accumulées au niveau international.

0.2   Vers une inversion de données

Une autre caractéristique de mes travaux de recherche porte sur la volonté de réaliser une inversion des données afin de remonter aux caractéristiques physiques des milieux étudiés. Les problèmes inverses constituent un domaine d'étude très vaste, couvrant de nombreux champs d'application. L'objectif est d'estimer des grandeurs caractéristiques non accessibles par la mesure directe. La principale difficulté vient du fait qu'on ne dispose pour cela que des informations issues d'un nombre limité d'expériences (mesures indirectes). Pour remonter aux grandeurs d'intérêt à partir des grandeurs observées, il

faut connaître la relation de dépendance les liant. Cette logique implique l'existence de deux grandes étapes dans la résolution de la plupart des problèmes inverses :
- La construction et le développement d'un modèle direct représentatif de la réalité physique et adapté à des fins d'inversion.
- L'inversion des grandeurs observées en s'appuyant sur la résolution du problème direct.

La Fig. 2 représente le schéma d'étude de la plupart des problèmes inverses.

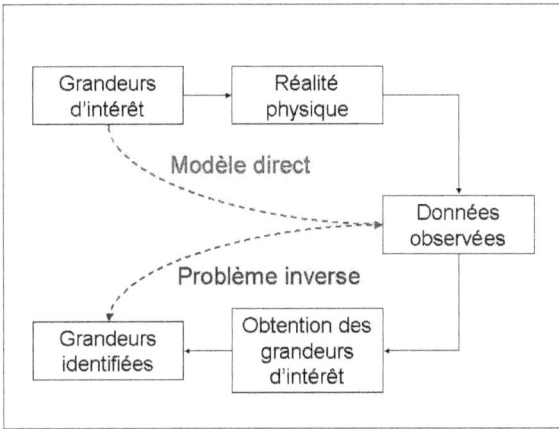

FIG. 2 – Représentation schématique de l'étude d'un problème inverse.

On dit qu'un problème est mal posé au sens d'Hadamard s'il ne remplit pas une des trois conditions suivantes :
- Existence d'une solution (Solubilité) pour toute donnée d'entrée,
- Unicité de la solution (non ambiguïté),
- Stabilité de la solution.

Le non respect des trois conditions précédemment énoncées peut s'expliquer par diverses raisons, comme par exemple :
- Données observées fausses,
- Données observées ne contenant pas assez d'informations utiles (données non pertinentes),
- Erreurs de modélisation ou approximation grossière de la réalité physique,
- Choix inadéquat de l'espace de représentation des données...

La condition d'existence ne pose en pratique pas de problème, car on recherche celle-ci dans un espace bien déterminé. En revanche, les conditions d'unicité et de stabilité ne sont pas toujours assurées. La condition de stabilité stipule que la solution doit être une fonction continue des données alors que, pour la plupart des problèmes inverses, une faible perturbation de ces données peut engendrer des bouleversements rédhibitoires sur la solution.

La plupart des problèmes posés dans ce document répond à ces critères. Une méthode d'inversion (application au CND) fait l'objet des travaux décrits dans le chapitre 1 de ce document. Cependant, concernant les travaux décrits dans les chapitres 2 et 3, la complexité des problèmes rencontrés n'a pas encore permis d'arriver à l'inversion des données, même si cela reste l'objectif ultime des recherches. Cependant, des études de sensibilité (voir par exemple paragraphe 2.2.4), qui constituent la première étape vers la résolution du problème inverse ont été réalisées.

0.3   L'interdisciplinarité

Un autre point commun des travaux décrits dans ce document est leur haut degré d'interdisciplinarité. Les travaux décrits dans le chapitre 1 requièrent des compétences en acoustique, en sciences des matériaux, en calcul scientifique et en informatique. Les travaux décrits dans le chapitre 2 se situent à la frontière entre l'acoustique ultrasonore, la physique de la propagation, la biomécanique et les sciences de la vie. Enfin, les travaux abordés dans le chapitre 3 couplent la physico-chimie des phénomènes d'adhésion avec la mécanique du contact viscoélastique.

Une des originalités des travaux présentés dans ce document porte sur la diversité des thématiques abordées, même si l'ensemble de mes travaux reste lié par la mécanique et l'acoustique, qui constituent le fil conducteur de ce document. Les points communs entre les travaux décrits au chapitre 1 et 2 se caractérisent par l'acoustique ultrasonore, la simulation numérique de propagation d'ondes élastodynamiques et la résolution de problèmes inverses. Les points communs entre les travaux décrits au chapitre 2 et 3 portent sur l'apport des développements réalisés dans le domaine de la biomécanique osseuse. De plus, les modèles développés au chapitre 3 peuvent potentiellement (moyennant des développements complémentaires) être exploités dans le cadre de l'acoustique non linéaire car ils permettent de prendre en compte l'interaction d'un champ élastique avec une fissure.

La diversité des thématiques abordées a rendu possible la mise en oeuvre de méthodes développées initialement dans un domaine donné dans le cadre d'une autre application. Ce transfert constitue une approche usuelle dans le domaine des sciences de l'ingénieur et mène souvent à des résultats riches et innovants. Des modifications (parfois importantes) des méthodes (hypothèses, paramètres, schéma de résolution) sont d'ailleurs souvent nécessaire pour adapter les approches considérées à d'autres champs d'application. On peut citer comme exemple les modèles de diffusion multiple, développés initialement au CEA dans le cadre de matériaux composites fibreux et que j'ai appliqué au cas du matériau composite "os trabéculaire".

L'acoustique[1] est par essence un domaine dans lequel des disciplines très diverses sont impliquées. La mécanique reste à mes yeux une des disciplines fondamentale de l'acoustique, mais des connaissances en physique[2], en traitement du signal et de l'image et

---

[1] Je me définirais volontiers comme acousticien, mais faut-il vraiment cloisonner les (enseignants-)chercheurs à l'intérieur de disciplines ?

[2] La frontière entre la physique et la mécanique n'est pour moi pas clairement établie...

en électronique restent essentielles afin de poursuivre dans de bonnes conditions des recherches dans le domaine de l'acoustique.

L'objet de ce document est de résumer l'ensemble des travaux de recherche que j'ai menés à bien. La première partie porte sur l'application des techniques ultrasonores à la caractérisation d'éventuelles fissures détectées à travers un revêtement d'acier austénitique de surface irrégulière. L'originalité de ce travail porte sur le développement d'une méthode robuste permettant d'inverser les données ultrasonores. La deuxième partie porte sur l'application de différentes techniques de caractérisation biomécanique à différents tissus osseux (os trabéculaire et cortical), ces travaux étant de nature hautement pluridisciplinaire. Enfin, la troisième partie décrit des modèles développés pour mieux comprendre les phénomènes de contact adhésif de matériaux viscoélastiques.

Chapitre 1

Méthode d'inversion pour le contrôle non destructif de fissures

Publications associées :
- Haïat G., Calmon P., Lhémery A. and Lasserre F., "A model-based inverse method for positioning scatterers in a cladded component inspected by ultrasonic waves", *Ultrasonics.*, **43**(8) (2005), pp. 619-628.
- Haïat G., Calmon P. and Lasserre F., "A method for the positioning of cracks detected by ultrasound through an austenitic cladding", *Mater. Eval.*, **63**(11) (2005), pp. 1115-1121.

Le travail décrit dans ce chapitre a fait l'objet de ma thèse de doctorat que j'ai réalisée au CEA-Saclay.

1.1 Contexte

Les méthodes de contrôle non destructif (CND) visent à détecter, positionner, caractériser et dimensionner d'éventuels défauts dans divers composants industriels. En particulier, des méthodes de CND adaptées au contrôle des cuves de réacteurs à eau pressurisée ont été développées par le CEA depuis longtemps dans le contexte de l'industrie nucléaire Française.

Le sujet de ce travail porte sur le CND par ultrasons des trente premiers millimètres de la cuve des réacteurs à eau pressurisée. Des transducteurs focalisés fonctionnant en émission-réception et placés à l'intérieur du réacteur utilisent l'eau du circuit primaire comme milieu de couplage (technique d'immersion). On cherche à obtenir des informations sur l'état physique du matériau constituant la cuve et plus précisément à détecter et à positionner d'éventuelles fissures vues par diffraction des ondes par leurs arêtes. Le but de ces inspections est de les localiser et de mesurer leur taille, pour que des ingénieurs spécialisés en mécanique de la rupture puissent déterminer leur dangerosité quant à la tenue mécanique de la cuve.

Ces inspections sont réalisées à l'aide d'une platine de contrôle robotisée composée d'un ensemble de cinq traducteurs montrée dans la Fig. 1.1. Quatre traducteurs sont conçus (transducteurs bifocaux) pour produire un faisceau ultrasonore réfracté dans le

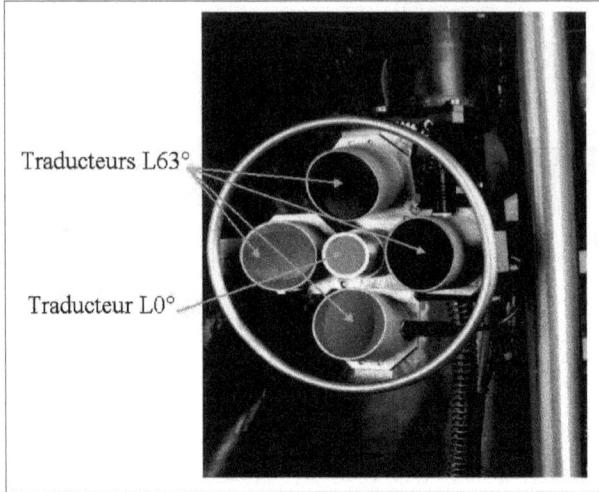

Fig. 1.1 – Platine de contrôle.

composant avec un angle de 60° par rapport à la normale à la surface. Les capteurs sont placés dans deux plans perpendiculaires et sont orientés selon deux directions opposées. Chacun est destiné à détecter des fissures dont le plan est perpendiculaire à son plan d'incidence. On distingue deux configurations de contrôle, selon l'orientation du plan d'incidence par rapport aux irrégularités de la surface (voir Fig. 1.2). Le deux configurations ont été étudiées, mais on s'intéressera dans ce qui suit uniquement à la configuration ou le plan d'incidence contient les irrégularités de la surface. Le dernier transducteur est orienté perpendiculairement à la surface de la cuve et est utilisé pour déterminer la position de la platine de contrôle. L'analyse des signaux reçus par ce dernier transducteur permet de remonter à une mesure du profil irrégulier de la surface de la cuve grâce à l'utilisation d'un algorithme de facettisation et de lissage. Les bases théoriques d'un algorithme d'extraction de profil prenant en compte l'extension spatiale tri-dimensionnelle du faisceau ont été développées. Cet algorithme utilise l'approximation de Kirchhoff couplée à une méthode robuste de déconvolution bi-dimensionnelle par régularisation.

Une partie de la cuve du réacteur est revêtue (voir Fig. 1.2) par une couche d'acier austénitique (inox), dans le but de la protéger de la corrosion favorisée par les conditions de température, de pression et de radiation extrêmes en fonctionnement. Ce revêtement est posé par passes circonférentielles, ce qui provoque des irrégularités de sa surface, en particulier dans les zones de jonction des passes. Ces irrégularités peuvent engendrer de forts échos de surface susceptibles de masquer les échos de la fissure recherchée [1, 2]. Les irrégularités de surface peuvent également perturber sensiblement la transmission des ondes ultrasonores (aberration de phase et d'amplitude) et rendre ainsi difficile l'analyse des échos détectés.

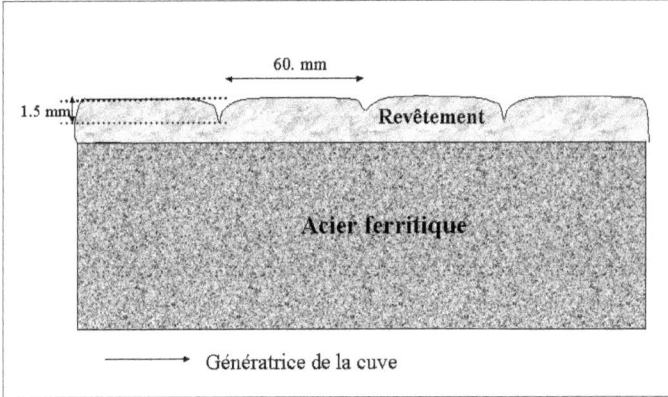

FIG. 1.2 – Représentation schématique du revêtement.

L'influence d'une interface aléatoire sur la réflexion ou la transmission d'un faisceau ultrasonore a fait l'objet de nombreuses études (voir par exemple [3, 4, 5]). Similairement, l'influence d'une telle interface sur la réponse échographique d'une inclusion située sous l'interface a été étudiée [6, 7, 8]. Cependant, les tailles typiques des irrégularités de surface considérées dans ces dernieres publications sont petites par rapport à la longueur d'onde et leur effet sur la diffraction du faisceau peut donc être traitée mathématiquement par des théories statistiques. Dans notre étude, la taille des irrégularités de la surface revêtue rencontrée sur site est du même ordre de grandeur que la longueur d'onde et leur géométrie peut être décrite exactement. En conséquence, leurs effets sur la réflexion et la transmission comme la distorsion et le dédoublement de faisceau peuvent être prédits de manière déterministe et non de manière statistique.

En particulier, on observe des phénomènes de chute d'amplitude, de déplacement et de dédoublement d'écho, ainsi que l'apparition de modes de détection transverses. De plus, les propriétés élastiques du revêtement (acier austénitique anisotrope) dépendent de la direction de propagation et sont différentes de celles de la paroi du réacteur (acier ferritique isotrope). Une telle structure "bi-couche" modifie également les propriétés du faisceau transmis dans la cuve [9, 10]. Les effets géométriques des irrégularités de surface et de l'anisotropie du revêtement se combinent et l'analyse des échos provenant de l'intérieur de la cuve en terme de positionnement et de caractérisation est donc difficile. Seule la modélisation acoustique et la simulation numérique sont susceptible de prendre en compte les problèmes de propagation d'ondes élastodynamiques sous-jacents.

Le retournement temporel acoustique [11] pourrait en principe être utilisé pour résoudre ce problème puisqu'aucune connaissance *a priori* des phénomènes causant les aberrations ne sont nécessaires. Cette méthode peut être utilisée non seulement pour l'acoustique, mais aussi pour les ondes élastiques [12] et pour les surfaces irrégulières [13].

Cependant, l'implémentation de ce principe requiert l'utilisation de traducteurs ultra-sonores multi-élément et d'une électronique spécifique associée. Les contraintes industrielles de l'autorité de sûreté nucléaire imposent que les données d'inspection soient comparables avec les précédentes. Les traducteurs et l'électronique qui les commande doivent donc être identiques à ceux utilisés précédemment. La seule façon d'améliorer simplement les performances de l'inspection en terme de positionnement de défaut en présence d'un revêtement est donc d'améliorer les algorithmes de traitement du signal et de l'image afin de traiter les données obtenues à l'aide du dispositif existant. A notre connaissance, aucune méthode d'inversion visant à estimer le positionnement d'un diffuseur à partir des données réelles mesurées et prenant en compte les effets d'un revêtement n'a été proposée dans la littérature. Dans ce chapitre, une méthode d'inversion basée sur la simulation est proposée sous la contrainte supplémentaire d'une utilisation industrielle sur site. Une attention particulière a donc été apportée à la réduction des temps de calcul[1].

La méthode d'inversion proposée pour résoudre ce problème inverse non linéaire [14] repose sur deux hypothèses. Premièrement, les irrégularités de surface ainsi que la structure anisotrope du revêtement sont supposées déterminées. Deuxièmement, la méthode de résolution du problème direct (décrite dans la section 1.2.1) est supposée connue. Les effets du revêtement sur la propagation ultrasonore est décrite dans la section 1.2. La méthode d'inversion est décrite dans la section 1.3 et validée expérimentalement dans la section 1.4.

1.2 Effets du revêtement sur la propagation ultrasonore

1.2.1 La modélisation ultrasonore

La modélisation d'un contrôle vise à prédire les résultats de mesures associées à une configuration donnée, permettant ainsi de comprendre les phénomènes physiques mis en jeu, afin de pouvoir exploiter les résultats d'une acquisition. La modélisation sert également à établir les configurations les plus favorables (par exemple le choix et le positionnement du traducteur...) en fonction de la nature de la pièce et des régions à contrôler. Pour ces raisons, la modélisation ultrasonore est un thème de recherche prépondérant en CND depuis que les moyens informatiques permettent d'effectuer des calculs de plus en plus complexes. Le CEA travaille depuis plusieurs années à la réalisation d'un logiciel de CND appelé CIVA, comprenant une partie modélisation du contrôle par ultrasons, incluant elle-même plusieurs modules. Parmi ces outils, le logiciel Champ-Sons est dédié à la prédiction du champ ultrasonore rayonné par un transducteur dans diverses pièces. Celles-ci, définies par CAO, peuvent être de géométrie complexe (surface irrégulière par exemple) et de composition hétérogène (milieux isotropes ou anisotropes). Le modèle 3-D utilisé pour réaliser ces calculs est basé sur une méthode semi-analytique de tracé de pinceaux (rayons volumiques) [15], dérivé de l'électromagnétisme. Le calcul fournit la réponse impulsionnelle, de sorte que le résultat final est obtenu par convolution avec le signal émis par le transducteur. La modélisation permet donc de prédire des trajets acoustiques complexes à travers le revêtement,

---

[1]La méthode développée est de portée plus générale car elle peut également être utilisée dans le cadre d'autres applications.

ainsi que les effets de celui-ci sur le faisceau ultrasonore. La sensibilité des propriétés du faisceau et la réponse échographique d'un défaut en présence de revêtement sont donc susceptibles d'être pris en compte. La surface irrégulière provoque notamment des aberrations de champ ultrasonore, comme une défocalisation, une déviation et/ou un dédoublement du faisceau. La présence de la couche anisotrope entraîne un décalage spatial et temporel de celui-ci.

Un modèle de calcul d'écho, basé sur la méthode de calcul de champ ultrasonore a été développé dans le but de simuler l'écho engendré par un défaut correspondant à une extrémité de fissure considérée comme rectiligne et perpendiculaire au plan d'incidence. Le modèle utilisé couramment pour la prise en compte de l'interaction faisceau-défaut dans ce cas de figure est la théorie de la GTD (Geometrical Theory of Diffraction) [16]. Dans les calculs, on a choisi de simplifier ce modèle GTD, afin de gagner en temps de calcul. Ce point est crucial, car pour chaque indication, on peut être amené à traiter un grand nombre de positions possibles. La directivité de la réponse du défaut est donc négligée. On modélise le défaut considéré comme une "ligne brillante", d'extension perpendiculaire au plan d'incidence. La réponse échographique du défaut est alors simplement la somme des contributions des sources ponctuelles la constituant. Cette méthode mène au calcul de réponses échograhiques qui peuvent être comparées directement aux données mesurées. Une telle comparaison est la clé de la méthode d'inversion décrite dans la section 1.3 et dont le schéma général de fonctionnement s'applique tant que l'outil de simulation peut être utilisé pour modéliser le problème direct.

1.2.2 Effets des irrégularités de surface

Effets sur l'écho d'un défaut

La Figure 1.3 montre deux B-scan expérimentaux obtenus respectivement sur une pièce de surface non perturbée et sur une pièce dont la surface a été usinée selon un profil représentatif des profils rencontrés sur site. Les deux blocs contiennent chacun un trou génératrice situé à la même profondeur. Cette comparaison illustre les principaux effets d'une surface irrégulière sur les échos issus d'un fond de fissure.

En plus de la présence de l'écho principal issu du défaut et impliquant un trajet dans l'acier longitudinal/longitudinal, on constate l'apparition d'échos supplémentaires : des échos issus de la surface et des échos impliquant un mode de propagation transversal. L'écho de surface n'est pas présent dans le cas d'une surface régulière car l'énergie est alors réfléchie dans la direction opposée au traducteur. Lorsque la surface est irrégulière, le traducteur reçoit un écho d'autant plus fort que l'orientation locale de la surface est proche de la direction spéculaire.

Les échos issus de modes transverses sont également présents dans le cas d'une surface régulière, mais leur amplitude relative est alors beaucoup plus faible (dix fois plus faible pour un écho TT par rapport à un éco LL). Dans la configuration perturbée, un défaut peut être détecté en mode LL, LT, ou TT. La première lettre correspond au mode de propagation de l'onde réfractée dans la pièce ; la deuxième correspond au mode de l'onde renvoyée par le défaut. Notons que les modes LT et TL ne sont pas différentiables

17

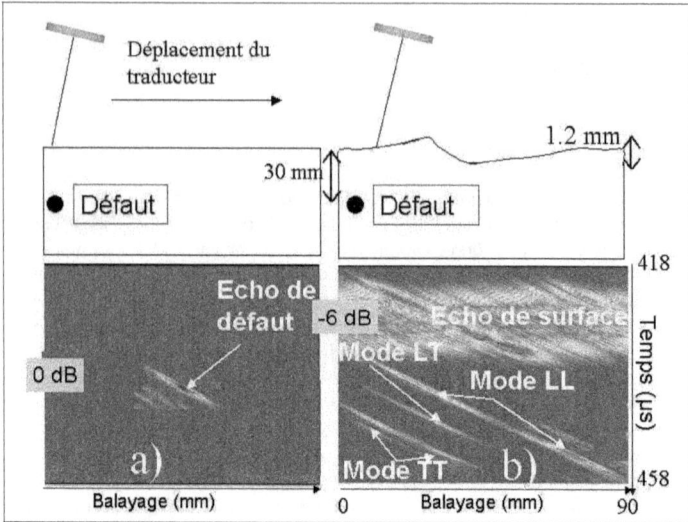

FIG. 1.3 – Acquisitions expérimentales correspondant aux échos renvoyé par un défaut placé dans une pièce. (a) : L'interface est non perturbée, (b) : elle est irrégulière. Les profils sont montrés au-dessus de chaque B-scan, avec une échelle verticale et horizontale différente. La position du défaut dans les blocs est indiquée par un cercle noir.

car ils arrivent en même temps. Dans l'exemple de la Fig. 1.3(b), l'amplitude de l'écho TT est sept fois moins important que celle de l'écho LL obtenu pour la même configuration. Les temps d'arrivée de chaque mode sur ce défaut sont tels que : $t_{LL} < t_{LT} < t_{TT}$. De plus, l'angle de réfraction d'un faisceau d'onde L étant plus important que pour un faisceau d'onde T, les échos issus des différents modes sont toujours placés de la même manière les uns par rapport aux autres pour un sens de tir donné. Dans le cas du sens de tir de la Fig. 1.3, les échos LL sont situés à gauche des échos LT, eux-mêmes placés à gauche des échos TT. Dans la plupart des cas, il est donc possible de déterminer le mode de détection de chaque écho, à partir du moment où aucun autre écho n'est situé dans la zone de détection.

L'écho principal issu du mode LL est lui-même affecté par la présence de l'interface irrégulière. Le déplacement de l'écho principal peut entraîner une perte de précision concernant le positionnement du fond de fissure responsable de celui-ci si la surface n'est pas prise en compte. De plus, on constate que ce même écho est dédoublé, ce qui rend son analyse plus difficile, car les deux échos peuvent être interprétés comme issus de deux défauts différents. Sans prise en compte des irrégularités de la surface, ces deux fonds de fissures seraient tous deux mal positionnés.

Effets sur le champ ultrasonore

Afin de mieux comprendre les résultats obtenus au paragraphe précédent, la perturbation du champ ultrasonore engendrée par une telle surface a été calculée. Des calculs de champs transmis à travers une surface régulière (Fig. 1.4(a)) et à travers la surface représentée sur la Fig. 1.3(b), pour différentes positions de traducteur (Fig. 1.4(b-g)), ont été réalisés.

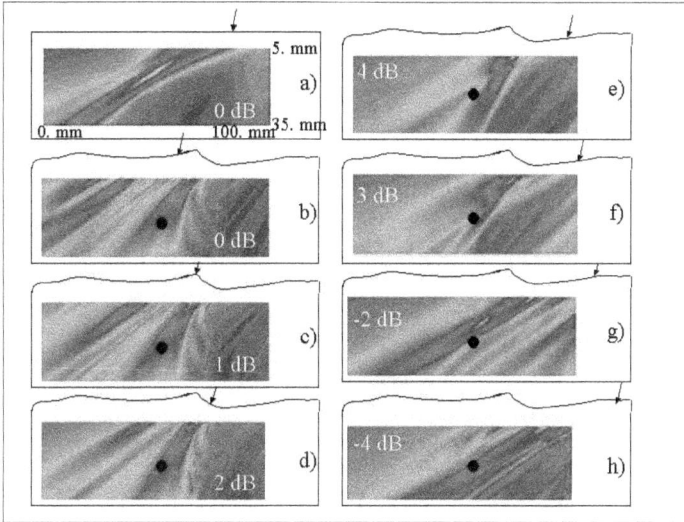

FIG. 1.4 – Effet des irrégularités de surface sur le faisceau transmis. Cartographies simulées obtenues à travers (a) : une surface régulière et (b-h) une surface irrégulière à différentes positions de traducteur. Les flèches indiquent les positions du traducteur correspondant à l'intersection de la surface et de l'axe focal du traducteur. Les cartographies du champ ultrasonore représentent le maximum de l'amplitude du potentiel de vitesse de l'onde longitudinale en fonction de la position dans le matériau. On indique, pour chaque cartographie, la valeur du maximum en décibel par rapport au cas régulier. Le cercle noir indique la position réelle du défaut dans la pièce.

La comparaison entre la Fig. 1.4(a) et les Figs. 1.4(b-g) indique que le faisceau transmis est fortement affecté par la géométrie de la surface. La Figure 1.4(a) montre que le champ transmis par le traducteur L63° est correctement focalisé et forme un faisceau concentrant l'amplitude. La présence d'une interface irrégulière perturbe le champ transmis dans la pièce, affectant donc le contrôle. La forme du champ transmis varie alors d'une position à l'autre du capteur en fonction de la forme de la surface rencontrée par l'onde incidente. Par exemple, on remarque sur les Figs. 1.4(b) et 1.4(c), que le faisceau transmis est dédoublé en deux lobes principaux, séparés par une zone d'amplitude plus faible. Ce phénomène s'explique par la géométrie particulière de l'interface à cet endroit. La partie centrale du faisceau rencontre l'interface à un endroit où sa pente est défavorable. L'angle d'incidence local est alors supérieur à l'angle critique : il n'y a pas d'onde longitudinale transmise. Des deux cotés, la pente redevient favorable à la transmission de l'énergie sous forme de faisceaux, dont la direction dépend de l'orientation locale de l'interface. La direction des faisceaux réfractés dépend de façon attendue de la normale locale de l'interface. Ce phénomène est responsable du déplacement d'échos sur le B-scan expérimental.

Les calculs de champ montrés sur la Fig. 1.4 permettent d'expliquer la perte d'amplitude des échos LL remarquée au paragraphe précédent. En effet, on assiste à une défocalisation du faisceau induite par la présence de l'interface irrégulière, se traduisant entre autre par des pertes d'amplitude. Les zones de forte amplitude sont plus réduites sur les Figs. 1.4(b-g) que dans le cas non perturbé. De plus, ces zones de forte amplitude se situent à faible profondeur, dans des régions où l'on ne cherche pas de défaut. La perte d'amplitude relative du champ ultrasonore transmis en ondes T sera comparativement moins importante, car le traducteur n'est pas conçu pour engendrer un champ transverse focalisé. L'influence des irrégularités est donc moins critique pour ce champ. Cela explique que la perte d'amplitude pour les modes transverses est moins importante que pour le mode LL et que l'on observe ces échos dans le cas d'une surface chahutée et pas pour une surface régulière.

Le dédoublement d'écho LL constaté au paragraphe précédent est expliqué par les cartographies des Figs. 1.4(b-g). L'amplitude du champ incident à la position du défaut varie en fonction de la position du traducteur. Celle-ci est importante aux positions (b) et (g), tandis qu'elle diminue entre ces deux positions. Ces observations sont cohérentes avec le B-scan expérimental de la Fig. 1.3(b) car les deux maxima de l'écho correspondent aux positions des Figs. 1.3(b) et 1.3(g).

1.2.3 Effet de l'anisotropie du revêtement

Afin de comprendre l'effet de la présence d'un revêtement de surface non perturbée sur le résultat d'un contrôle en mode LL, on peut considérer en première approximation que la propagation des ultrasons dans le revêtement s'effectue en onde plane. On peut ainsi associer un angle d'incidence et une vitesse d'énergie à la propagation des ondes dans la couche en utilisant la courbe des lenteurs du milieu anisotrope, ce qui permet d'assimiler son effet à la présence d'un matériau "bicouche". Sous le revêtement, le faisceau garde le même angle de réfraction que pour un milieu homogène isotrope, mais est décalé spatialement. Cet effet est illustré par la Fig. 1.5, ou le mode longitudinal est considéré. Les Figs. 1.5(a-b) montrent respectivement le résultat d'un calcul de champ effectué dans une pièce de surface non perturbée homogène et revêtue. Les propriétés élastiques anisotropes (symétrie orthorhombique) ont été déterminées à l'aide d'une méthode de mesure ultrasonore décrite dans [17] et entrées en paramètre du code de simulation numérique. On constate que l'effet induit par la présence du revêtement est de décaler le faisceau de quelques millimètres vers la gauche. Cela est dû à l'écart entre les vitesses d'énergie et les angles de réfraction de l'acier austénitique et de l'acier de la cuve. De plus, cet écart entraîne un décalage temporel de l'onde ultrasonore qui n'est pas visible sur la Fig. 1.5. Afin de le visualiser, on a placé sur chacun des faisceaux la position de l'onde à un temps arbitraire, indiqué par un point noir. La présence d'un

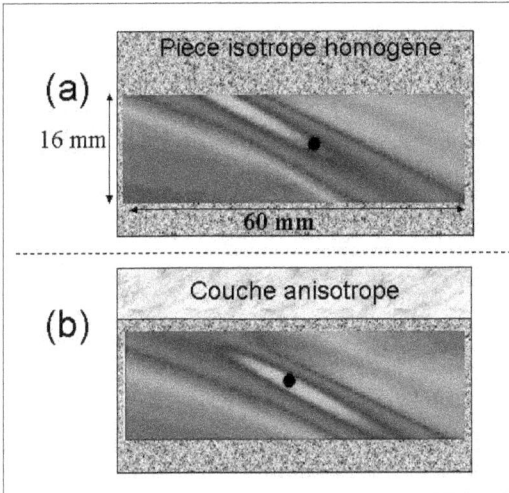

FIG. 1.5 – Calcul de champ ultrasonore transmis (a) dans un composant
homogène isotrope de surface régulière et (b) dans un composant revêtu
de surface non perturbée. Les points noirs correspondent à la position de
l'onde à un temps identique.

revêtement induit donc une modification de la position de défaut de l'ordre de quelques
millimètres en abscisse et en profondeur. On comprend donc la nécessité de prendre en
compte ces phénomènes afin de positionner correctement le défaut à l'origine de l'écho
traité.

Afin de prendre en compte les effets d'un revêtement, il est nécessaire de considérer
le couplage des deux effets décrits précédemment (effets d'une surface irrégulière et de
l'anisotropie), ce que permet le logiciel CIVA.

1.2.4 Validation du problème direct

Avant de décrire la méthode d'inversion, il est nécessaire de vérifier les performances
de la méthode de résolution du problème direct, c'est à dire la prédiction de la réponse
échographique d'un défaut positionné sous un revêtement. Cette étape correspond à
la validation de l'outil de simulation numérique. La Figure 1.6 montre la comparaison
entre l'écho mesuré (montré Fig. 1.3(b)) et l'écho simulé correspondant. Un bon accord
est obtenu, sauf pour l'amplitude relative des différents modes, ce qui n'affecte pas
la méthode d'inversion. La Figure 1.7 montre la comparaison entre un B-scan mesuré
(Fig.1.7(a)) obtenu à partir d'un trou génératrice dans une maquette revêtue et le B-
scan simulé correspondant (Fig.1.7(a)) pour lequel la position du diffuseur est connue
exactement. La réponse échographique se compose de deux échos dont les positions
en temps et en espace sont reproduites fidèlement. Ces deux exemples illustrent la

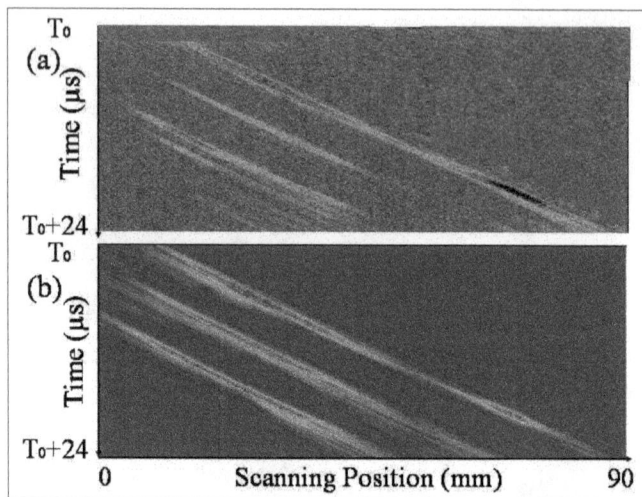

FIG. 1.6 – a) (a) B-scan expérimental obtenu avec un trou génératrice placé dans un composant ayant une interface irrégulière (voir Fig. 1.3(b)). (b) B-scan simulé correspondant.

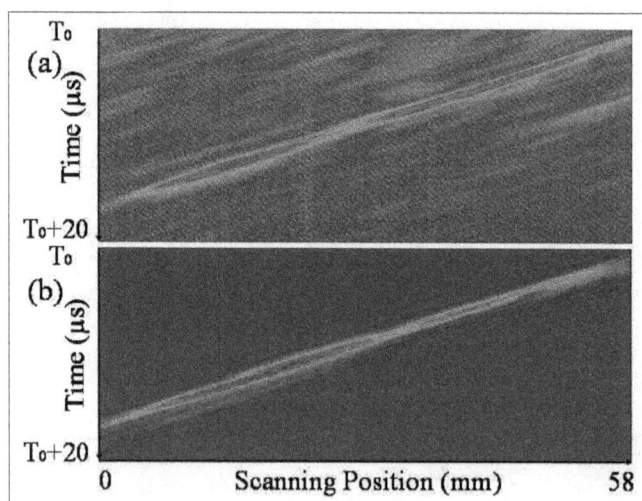

FIG. 1.7 – a) (a) B-scan expérimental obtenu avec un trou génératrice placé dans un composant revêtu. (b) B-scan simulé correspondant.

capacité de l'outil de simulation à prendre en compte le couplage de l'effet d'une surface irrégulière et de la nature anisotrope du revêtement.

1.3   La méthode d'inversion

La Figure 1.8 montre un résumé de la méthode d'inversion. Les parallélépipèdes correspondent aux données expérimentales, les rectangles aux résultats de calculs, et les formes arrondies aux étapes de calcul. Une indication ultrasonore (UI) est définie par le couple (X, T) où X est une position du capteur (ou position de balayage) et T est un temps de vol. Ainsi, l'algorithme effectue une double boucle : d'abord sur les indications expérimentales, puis sur les points possibles.

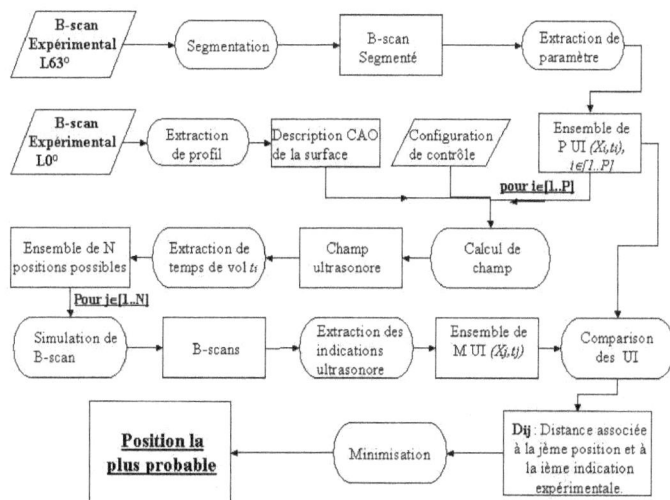

FIG. 1.8 – Schéma récapitulatif de la stratégie d'inversion.

La méthode proposée se compose de trois étapes. La première étape consiste en la synthèse de la mesure expérimentale associée au défaut envisagé de manière à ne retenir que l'information pertinente associée avec l'écho traité. L'objectif de la deuxième étape est de déterminer un ensemble de positions possibles pour le défaut. Pour ce faire, un calcul de champ ultrasonore est réalisé et le résultat est traité à l'aide de l'information retenue lors de la première phase du traitement. La troisième étape de la méthode permet de choisir parmi les positions possibles du défaut. Pour cela, une simulation d'écho est réalisée pour chaque position possible du diffuseur. Afin d'obtenir la position finale, une procédure de comparaison de B-scan permettant d'évaluer le degré de ressemblance entre chaque B-scan simulé et le Bscan expérimental a été développée. Cette procédure est classiquement basée sur la minimisation d'une fonction de coût décrivant l'écart entre le B-scan mesuré et expérimental.

1.3.1 Détermination des indications ultrasonores associées au défaut

Il est nécessaire d'identifier les modes de détection de l'ensemble des échos considérés. Pour ce faire, on utilisera le fait que les échos issus des différents modes sont toujours répartis de la même façon les uns par rapport aux autres (voir paragraphe 1.2.2). Dans ce qui suit, on ne considère que les échos LL, mais la méthode s'applique pour n'importe quel mode de détection. Pour chacun, une extraction de la position (X, T) dans l'espace position de balayage / temps de vol est réalisée. Les paramètres X et T sont déterminés pour chaque écho et correspondent aux entrées principales de la méthode. Pour cela, un algorithme réalisant la transformation des échos en segments (segmentation) est appliquée au B-scan, menant à un B-scan segmenté. L'objectif de cette transformation est de déterminer le temps de vol auquel le maximum d'amplitude de l'écho se produit pour chaque position de balayage. La Fig. 1.9(a) montre le même écho que celui de la Fig. 1.3 et la Fig. 1.9(b) montre le résultat de la procédure de segmentation. Un segment est défini comme un ensemble de points reliés dans l'espace position/temps, auquel l'amplitude maximale de l'écho considéré est affectée. A une position X donnée, le temps T associé au point du segment est le temps du maximum d'amplitude de l'enveloppe du signal. Une UI (X, T) est associée avec chaque segment (voir Fig. 1.9(c)), X et T correspondant aux coordonnées du point dont l'amplitude est maximale appartenant au segment. Le B-scan expérimental est donc réduit à un ensemble de M UI.

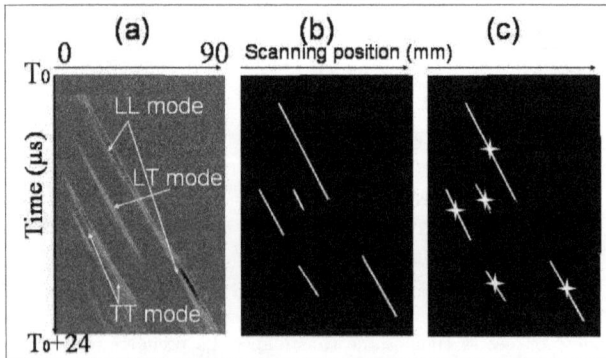

FIG. 1.9 – (a) B-scan expérimental d'un trou génératrice, (b) B-scan segmenté (c) Détermination de l'indication ultrasonore associée avec chaque segment.

Dans le cas de défauts trop proches les uns des autres, les échos issus de deux défauts différents peuvent interférer. Il se peut que l'on conserve dans la zone précédemment calculée des indications issues d'un autre défaut, ce qui risque de conduire à des erreurs de positionnement dues à la comparaison entre des B-scan simulés et un B-scan expérimental erroné.

Les échos de défauts peuvent aussi dans certains cas être mêlés aux échos issus de l'interface. Il devient alors difficile de connaître précisément l'origine d'un écho et donc de déterminer quelles indications doivent être considérées. L'expertise de l'opérateur, aidée par une simulation de l'écho de surface est alors nécessaire pour éliminer ces échos de surface, tout en conservant les échos de défaut, avant de construire la zone précédemment décrite. Cette expertise est aussi essentielle dans la détermination de l'origine de chaque écho.

Il est maintenant possible de grouper les indications ultrasonores issues du même défaut et du même mode et de lancer la méthode de repositionnement à partir de chaque segment trouvé.

1.3.2 Détermination des positions possibles du diffuseur

Afin de déterminer les positions possibles du diffuseur (PPD) associées à chacune des M UIs (X_i, T_i), $i \in [1..M]$, M calculs de champ ultrasonore sont réalisés. La capteur est positionné relativement aux irrégularités de surface à partir de la valeur X_i. Un exemple de résultat de calcul de champ est montré dans la Fig. 1.10. La quantité calculée en chaque point est la réponse échographique d'un diffuseur ponctuel modélisé par l'auto-convolution du champ ultrasonore à cette position [18]. Une zone de calcul 2-D maillée régulièrement est utilisée pour obtenir les différentes PPD.

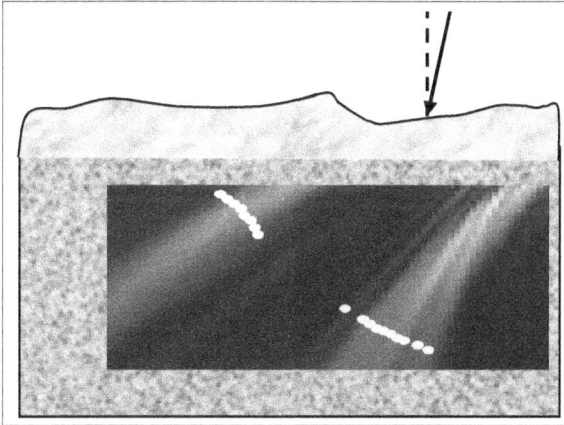

FIG. 1.10 – Cartographie du maximum d'amplitude des réponses échographiques de diffuseurs ponctuels correspondant à la position X_i. Les points blancs indiquent les positions possibles du diffuseur associées au temps T_i.

Un temps de vol est extrait pour chaque point de la zone de calcul. Les PPD sont alors obtenues par la détermination des positions atteintes par l'onde au temps T_i. Seules les positions pour lesquelles l'amplitude de l'onde est supérieure à un certain seuil sont retenues. Le résultat de ce post-traitement est un ensemble de N positions

(x, z), montré Fig. 1.10 par des points blancs.

Le choix de la meilleure position parmi toutes les PPD est effectué en appliquant un algorithme de minimisation.

1.3.3 Procédure de comparaison d'échos

Les échos simulés correspondant à chaque PPD sont comparés à l'écho expérimental dans le but de déterminer la position la plus probable du défaut. Pour cela, une fonction de coût traduisant la ressemblance entre l'écho expérimental et chaque écho simulé a été construite et validée. Elle s'appuie sur une transformation permettant de convertir les informations échographiques en position réelle dans la pièce. Il s'agit donc d'une pseudo-distance dans l'espace des échos. Finalement, la position de défaut inversée est la position engendrant l'écho simulé le plus "proche" de l'écho expérimental. La méthode doit être appliquée pour chaque extrémité de fissure successivement.

L'approche mise en oeuvre est basée sur le fait que l'information contenue dans l'image B-scan est redondante, du fait de l'extension spatiale du faisceau ultrasonore. L'algorithme proposé est basé sur une comparaison des UI qui ne dépendent pas explicitement de la taille du faisceau. Les UI sont extraites des différents B-scan simulés et du B-scan expérimental. La méthode proposée est basée sur la détermination de la distance entre les UI expérimentales et simulées. Comme plusieurs UI peuvent être extraites d'un B-scan donné, une fonction de coût est définie afin de prendre en compte les différentes distances entre les UI expérimentales et simulées.

Distance entre deux indications

Une distance entre deux UI est définie par une transformation de l'espace position/temps E vers l'espace réel R avec des variables spatiales homogènes. Dans le cas d'ondes longitudinales, la transformation Ω est donnée par :

$$\Omega : \quad E \quad \rightarrow \quad R$$
$$UI = (X, T) : \quad \rightarrow \quad \Omega(UI) = (\xi, \zeta)$$

où

$$\xi = X \pm \frac{c_L(T - T_0)}{2} \sin r \tag{1.1}$$

$$\zeta = \frac{c_L(T - T_0)}{2} \cos r \tag{1.2}$$

(ξ, ζ) sont les coordonnées de la position obtenue, c_L est la vitesse de l'onde longitudinale dans l'acier, T_0 est le temps de vol dans l'eau. Des transformations similaires peuvent être construites pour les autres modes d'écho. Le signe dans le second terme de la première équation dépend de l'orientation du traducteur. La distance mesurée entre les UI simulées et expérimentales (UI_{sim} et UI_{sim}) est définie comme une distance Euclidienne par :

$$D = |\Omega(UI_{sim})\Omega(UI_{exp})|, \tag{1.3}$$

qui ne dépend pas de T_0.

Construction d'une fonction de coût

Pour chaque B-scan simulé et pour chaque PPD, une procédure de comparaison des M
UI du B-scan mesuré avec les P UI du B-scan simulé considéré est utilisée pour calculer
une fonction de coût. L'objectif est de déterminer le minimum de cette fonction, afin
d'exhiber le B-scan simulé ressemblant le plus au B-scan expérimental. La première
étape de la construction de la fonction de coût est la détermination d'un ensemble de
P UI associées avec le B-scan simulé. Lors de la seconde étape, une procédure est mise
en oeuvre pour associer chaque UI expérimentale à une UI simulée.

Parmi les divers B-scan simulés, certains peuvent présenter un nombre d'UI différent
que dans le B-scan expérimental ($P \neq M$), puisque la PPD est en général différente de
la position réel du diffuseur. La méthode de comparaison doit être capable de prendre en
compte plus d'UI simulées que d'UI expérimentales. La détermination des P UI simulées
est effectuée en positionnant le maximum local (au-dessus d'un seuil) de la courbe
echodynamique du B-scan simulé. La courbe echodynamique d'un B-scan représente le
maximum de l'amplitude de l'écho en fonction de la position du traducteur. Lorsque P
(UI simulées) est inférieur à M (UI mesurées), la PPD associée au B-scan simulé est
rejetée. Dans le cas contraire, un nombre P allant jusqu'à $M+2$ est accepté, puisque P
ne doit pas être trop important par rapport à M, sous peine que le choix de l'UI finale
simulée devienne difficile. Lorsque $P > M+2$, la courbe échodynamique est alors lissée
jusqu'à ce que $M \leq P \leq M+2$.

Les A_M^P arrangements des M UI expérimentales et des P UI simulées sont maintenant
considérés. Pour chaque arrangement, la moyenne des distances entre chaque couple
d'UI expérimentales et simulées est calculée à partir de l'Eq. 1.3. La valeur de la fonction
de coût pour le B-scan simulé considéré est défini comme le minimum de l'ensemble
des A_M^P moyennes obtenues. La fonction de coût est alors construite en calculant cette
valeur pour toute les PPD déterminées pour l'UI expérimentale considérée.

Calcul de la fonction de coût

M fonctions de coût sont construites (autant qu'il n'y a d'UI mesurées pour le mode
considéré dans le B-scan expérimental à inverser). Le résultat final de l'ensemble de la
méthode de positionnement est obtenu après le traitement de toutes les fonctions de
coût. La position inversée est la PPD pour laquelle la fonction de coût est minimale.
Cependant, il est nécessaire de vérifier que la position inversée ne correspond pas à un
minimum de la fonction de coût isolé car la fonction de coût doit posséder une certaine
cohérence spatiale.

Exemple d'application

La Figure 1.11 illustre la manière dont la valeur de la fonction de coût associée avec
une des PPD correspondant au cas de la Fig. 1.3(b) est calculé à partir du B-scan
simulé. La première étape mène à une détermination de $P = 4$ UI simulées (étoiles
blanches). La deuxième étape mène à la sélection de $M = 2$ parmi $P = 4$ UI simulées
qui conduisent à la distance minimale avec les UI mesurées. Les deux UI sélectionnées
sont entourées par des cercles noirs.

La Figure 1.12 illustre une application de la méthode à un exemple typique de procédure
de comparaison de B-scan. La Figure 1.12(a) montre les PPD résultant des deux UI

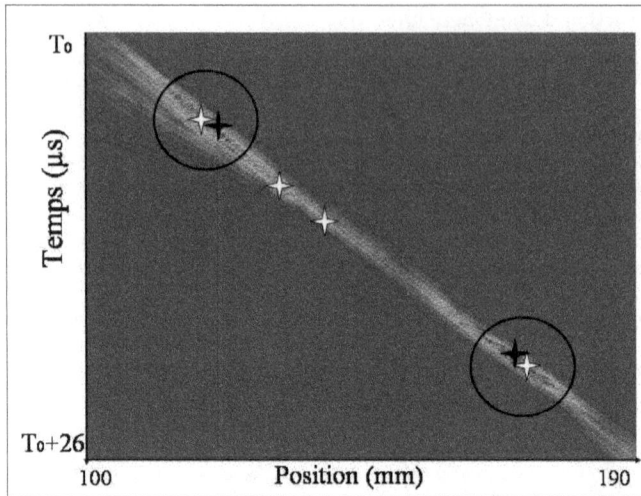

FIG. 1.11 – B-scan simulé. Les étoiles blanches et noires indiquent respectivement les UI simulées et expérimentales.

mesurées (mode LL) issues de la Fig. 1.3(b), qui sont indiqués respectivement par de triangles et des cercles. L'étoile indique la position réelle du diffuseur. La distance entre chaque B-Scan simulé et le B-scan mesuré est tracé en fonction de la coordonnée X dans la Fig. 1.12(b). Les deux fonctions de coût montrées dans la Fig. 1.12(b) prennent en compte toutes les UI expérimentales. La distance entre le diffuseur inversé et réel est inférieure à 0.5 mm dans les deux directions. Cet exemple illustre les potentialités de la méthode proposée à déterminer la position d'un diffuseur.

La méthode permet donc en principe de repositionner une indication détectée à travers un revêtement. Elle fonctionne avec des indications détectées dans tous les modes. Grâce à la simulation, on a appliqué une migration des indications ultrasonores par l'utilisation de la simulation en prenant en compte les phénomènes perturbatifs dus à la présence du revêtement. Il reste à la valider expérimentalement ainsi qu'à évaluer les sources d'erreurs.

1.4 Validation expérimentale

Une validation expérimentale des performances de la méthode a été effectuée au laboratoire, ainsi que dans l'environnement industriel envisagé. Une procédure expérimentale a été mise en oeuvre au laboratoire afin de simuler les conditions de contrôle sur site. Un soin particulier a été apporté à la procédure d'étalonnage du transducteur, effectuée à l'aide d'acquisitions sur un bloc plan homogène. Cette procédure permet de déterminer avec une grande précision l'angle d'incidence réel du transducteur, sa position de ba-

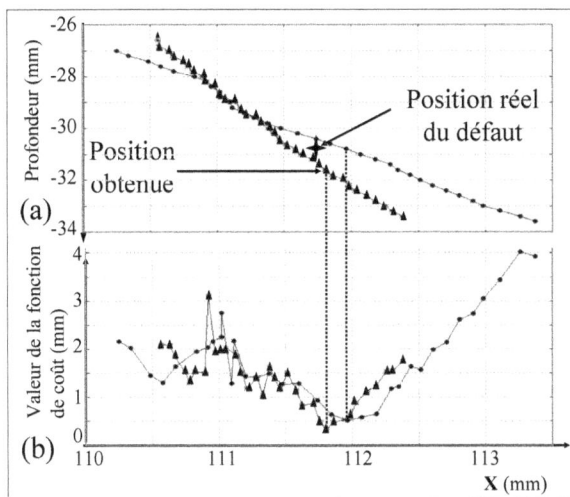

FIG. 1.12 – (a) Positions possibles du diffuseur obtenue par le traitement des deux indications ultrasonores expérimentales LL montrées Fig. 1.3(b). L'étoile indique la position réelle du défaut. (b) Fonctions de coût associées avec chaque UI expérimentale.

layage, ainsi que le décalage temporel entre les acquisitions et la simulation.

1.4.1 Validation sur des maquettes réalistes

Trois blocs ont été utilisés afin de déterminer sur des exemples concrets les performances de la méthode. Le premier est un composant homogène isotrope dont la surface a été usinée de manière à obtenir un profil représentatif de ceux rencontrés sur site. Le deuxième est un composant revêtu plan dont la surface a été meulée afin d'obtenir une surface plane. Le troisième bloc possède un revêtement de surface irrégulière déposé de façon similaire à ce qui est réalisé sur site. Pour les première et troisième maquettes, les positions des défauts (trous génératrices de 2 mm de diamètre) ont été choisies de façon à obtenir une perturbation importante sur les échos pour une direction d'incidence donnée. Dans la seconde maquette, les défauts sont des fentes électro-errodées de 0.3 mm d'épaisseur.

Le Tableau 1.1 montre les écarts horizontaux et verticaux obtenus entre les positions de défaut réels et inversés pour le mode LL pour la maquette homogène de surface irrégulière. Le Tableau 1.2 montre les écarts verticaux obtenus entre les positions de défauts réels et inversés pour la maquette revêtue dont la surface a été meulée. Le Tableau 1.3 montre les écarts horizontaux et verticaux obtenus entre les positions de défaut réels et inversés pour le mode LL pour la maquette revêtue de surface irrégulière. L'ensemble des résultats montrés dans les Tableaux 1.1-1.3 est en accord avec les exigences industrielles.

Numéro du défaut (mm)	Nombre de segments	ΔX (mm)	ΔZ (mm)	Profondeur du défaut (mm)
Défaut n°1	2	-0,3	0.4	30
Défaut n°2	3	-0,6	0	30
Défaut n°3	2	-0.8	-1,3	20
Défaut n°4	2	-0,2	0,8	20
Défaut n°5	2	-0,5	0,6	20

TAB. 1.1 – Validation de la méthode de repositionnement pour les 5 génératrices du bloc homogène de surface irrégulière détectées en mode LL.

Numéro du défaut (mm)	Profondeur du défaut (mm)	ΔZ (mm)
Défaut n°1	12	0,1
Défaut n°2	18	-0,2
Défaut n°3	18	-0.5
Défaut n°4	25	-0,5
Défaut n°5	25	-1,2

TAB. 1.2 – Validation de la méthode de repositionnement pour les 5 fentes électro-errodées détectées en mode LL du bloc revêtu dont la surface a été meulée.

Numéro du défaut (mm)	ΔX (mm)	ΔZ (mm)	Profondeur du défaut (mm)
Défaut n°1	1.4	-0.5	18
Défaut n°2	1.2	-0.3	18
Défaut n°3	0.2	-0,3	25
Défaut n°4	-0,5	-0,1	25

TAB. 1.3 – Validation de la méthode de repositionnement pour les 5 génératrices du bloc revêtu de surface irrégulière détectées en mode LL.

1.4.2 Sources d'erreurs

Une évaluation des différentes sources d'erreurs expérimentales a été effectuée. Ces erreurs sont principalement dues aux imprécisions de positionnement de capteur relativement au bloc, aux erreurs sur les différentes vitesses de propagation (ou constantes élastiques) et aux pas d'échantillonnage (spatial et temporel) de l'acquisition. L'incertitude de chaque paramètre a été déterminée et ses conséquences sur le positionnement du défaut évaluées. De plus, les erreurs de positionnement dues aux approximations effectuées lors des simulations (calcul de champ et d'écho) ont été précisées. Une attention particulière a été apportée à évaluer l'influence des approximations effectuées dans le calcul d'écho.

1.5 Conclusion

L'originalité des travaux menés réside notamment dans l'extraction de paramètres simples qui permettent de positionner les échos efficacement. Le raffinement apporté par la méthode est concentré aux endroits qui le nécessitent, ce qui permet de traiter simplement les échos d'une grande complexité. Une migration dont les paramètres sont déterminés par la simulation est donc appliquée aux indications ultrasonores mesurées.

L'application industrielle pour laquelle la méthode a été développée est le positionnement d'indications ultrasonores dans la cuve des réacteurs à eau pressurisée, ce qui constitue une étape importante vers le dimensionnement de défauts. Les résultats étant conformes aux exigences industrielles, la méthode est maintenant utilisée sur différents sites, lorsque le besoin s'en fait sentir. De plus, le schéma de résolution est assez général pour pouvoir être appliqué à d'autres domaines du CND, lorsque les ondes ultrasonores se propagent dans un milieu hétérogène provoquant des aberrations variables en fonction de la position du traducteur.

Lors de ce travail, deux articles ont été publiés dans les revues "Ultrasonics" et "Materials Evaluation". Cependant, une quantité importante du travail réalisé n'a pas donné lieu à communication et n'a été communiquée qu'à l'industriel concerné.

Ce travail a fait l'objet de ma thèse de doctorat à l'issu de laquelle j'ai décidé d'appliquer mes compétences en acoustique ultrasonore à un autre domaine d'application : le génie biomédical. Une différence importante entre les matériaux industriels et les tissus biologiques vient du fait que ces derniers ne sont pas conçus "volontairement" par l'homme, ce qui les rend plus difficile par nature à appréhender.

Chapitre 2

Evaluation ultrasonore du tissu osseux

2.1 Introduction

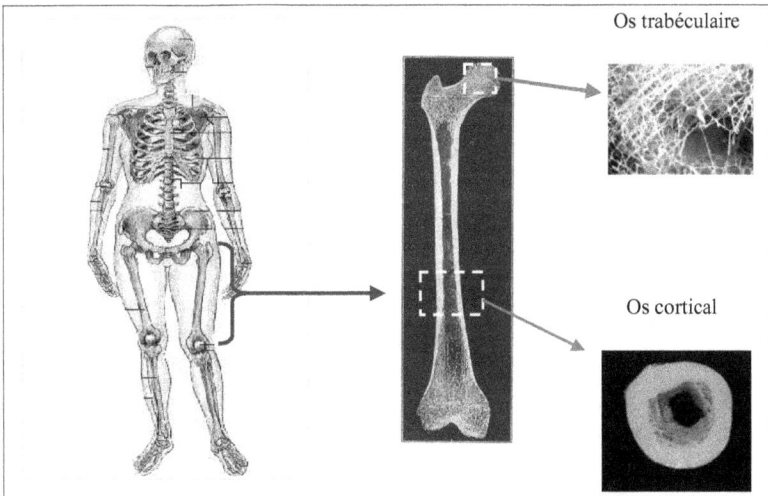

FIG. 2.1 – Os trabéculaire et os cortical. Image tirée de [19]

Le squelette est composé de deux types d'os : l'os trabéculaire, ou os spongieux, et l'os cortical, ou compact (voir Fig. 2.1). Ce dernier représente 80 % de la masse osseuse. Sa porosité est comprise entre 5 et 10 %, alors que celle de l'os trabéculaire se situe entre 75 et 95%. L'os cortical se trouve principalement dans la diaphyse (partie centrale) des os long et compose l'enveloppe des os courts comme le calcanéum (os du talon). L'os trabéculaire se situe à l'extrémité des os longs et dans les os courts. Il est composé d'un arrangement complexe de filaments osseux, appelés travées osseuses, qui en première approximation peuvent être décrites comme des plaques ou des cylindres (Fig. 1.2). Ce réseau est saturé *in vivo* par de la moelle.

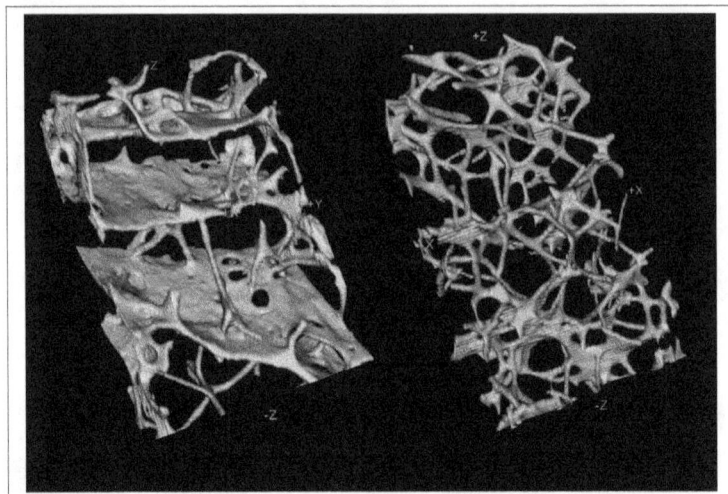

FIG. 2.2 – Illustration de la micro-architecture trabéculaire en forme de "plaques" (gauche) et en forme de cylindres (droite). Les images sont des reconstructions 3-D après expériences en micro-tomographie par rayonnement synchrotron. Image tirée de [19]

L'os est un matériau vivant, en constant remodelage afin de satisfaire au mieux son rôle biomécanique de support et son rôle physiologique de réservoir de calcium. Il peut être affecté par un certain nombre de pathologies, dont la plus fréquente est l'ostéoporose. L'ostéoporose est une maladie du squelette, définie par une diminution de la masse osseuse et/ou une détérioration de la micro-architecture du tissu osseux, entraînant une augmentation de sa fragilité et une augmentation du risque de fracture. Les fractures se repartissent essentiellement sur les trois sites suivants : l'extrémité proximale du fémur (fracture du col), les vertèbres (tassements) et le poignet (fracture de Pouteau-Colle). L'ostéoporose affecte particulièrement les personnes âgées et plus particulièrement les femmes post-ménopausées. Dans les pays occidentaux, on estime que 30 à 40% des femmes atteignant la ménopause subiront une fracture liée à l'ostéoporose avant la fin de leur vie. On estime à 200 millions le nombre de femmes atteintes d'ostéoporose dans le monde. L'ostéoporose est donc un problème de santé publique considérable. Un certain nombre de thérapies existent, qui induisent une réduction du risque de fracture. L'enjeu du diagnostic de l'ostéoporose (et plus généralement de la prédiction du risque de fracture) est donc un enjeu socio-économique majeur.

La résistance osseuse dépend de multiples facteurs : forme et microarchitecture du tissu osseux, densité minérale osseuse, coefficients d'élasticité et accumulation de microfissures, mais leur rôle respectif reste actuellement mal compris. L'évaluation médicale de la résistance osseuse repose actuellement sur la mesure de la densité minérale osseuse (BMD pour Bone Mineral Density) mesurée par absorptiométrie biphotonique à rayons X (ou DXA pour Dual X-rays Absorptiometry), qui reste la technique de référence [1]. Historiquement, les recommandations de l'organisation mondiale de la santé pour le diagnostic de l'ostéoporose ont d'abord été définies uniquement en termes de diminution de la masse osseuse [20]. La diversification des moyens diagnostiques non invasifs du statut osseux dans les années 1990 avec le développement de nombreuses techniques comme l'IRM, la micro-tomographie [21] ou les éléments finis individualisés [22] ont ouverts des pistes pour l'étude *in vivo* des paramètres de qualité osseuse.

Les techniques d'imagerie quantitative ultrasonore proposées depuis une trentaine d'années exploitent le potentiel des ondes élastiques pour sonder à la fois les propriétés matérielles (densité, coefficients d'élasticité), structurales (épaisseur corticale) et microstructurales (porosité, dimension des éléments structuraux) de l'os. L'intérêt pour les techniques de caractérisation de l'os par ultrasons a démarré dans années 1980 [23], quand il a été démontré que les valeurs d'atténuation et de vitesse de propagation mesurées en transmission étaient fortement corrélées avec la mesure de BMD [24, 25], ouvrant la voie à une estimation de la densité osseuse (on parle d'ostéodensitométrie ultrasonore). Les techniques ultrasonores présentent plusieurs avantages compétitifs par rapport à la technique de référence : absence de radiation, faible coût et facilité de mise en oeuvre. De nombreux appareils ont alors été développés pour faire des mesures en transmission au niveau du calcanéum (os du talon), site périphérique facile d'accès et présentant deux interfaces pratiquement parallèles. Différentes études cliniques prospectives de grande ampleur, comme l'étude européenne EPIDOS portant sur plus de 6000 femmes ménopausées, ont démontré la capacité des appareils ultrasonores en transmission au talon à prédire le risque de fracture de sites centraux comme le col du fémur [26]. La technique de mesure en transmission transverse au talon est aujourd'hui la deuxième technique validée pour la prédiction de fractures sur des sites centraux, après la mesure de BMD au fémur.

Les défis scientifiques (c'est à dire la compréhension des déterminants physiques de la propagation dans un milieu aussi complexe que l'os et l'extraction des signaux mesurés des informations sur les propriétés osseuses) ont amené les chercheurs à scinder les problèmes en deux catégories : ceux relevant de l'os trabéculaire et ceux relevant de l'os cortical, faisant appel à des phénomènes physiques différents (onde transmise *vs* onde guidée), à des géométries et des méthologies elles aussi différentes.

2.2 Méthodes dédiées à l'os trabéculaire

2.2.1 Introduction

Bien que les techniques ultrasonores soient appliquées à la caractérisation de l'os trabéculaire depuis plus de 20 années, fournissant aux cliniciens une diversité de développements techniques et de paramètres cliniques pertinents pour la prédiction du risque de fracture [27], la physique sous-jacente de l'interaction entre les ultrasons et la structure

---

[1]Les anglo-saxons l'appelle "Gold standard".

trabéculaire n'est que partiellement comprise. Ces dernières années, de nombreux aspects des propriétés acoustiques de l'os trabéculaire dans la gamme de fréquence du mégahertz (la gamme de fréquence actuellement utilisée pour des mesures cliniques *in vivo*) ont été explorés mais beaucoup d'observations expérimentales restent encore mal comprises : i) l'atténuation augmente linéairement avec la fréquence [23, 28, 29], ii) la vitesse de propagation et la pente de l'atténuation en fonction de la fréquence sont fortement corrélées avec la fraction volumique d'os (ou la porosité, notée BV/TV dans ce qui suit) [30, 31, 32], iii) la dispersion de vitesse (c'est à dire la pente de la vitesse de phase en fonction de la fréquence) est généralement négative mais parfois positive [33, 34, 35, 36] et iv) deux ondes de compression peuvent se propager suivant certaines orientations du réseau trabéculaire [37, 38, 39].

Du point de vue de la modélisation, les caractéristiques de la structure de l'os trabéculaire rendent éminemment complexe la compréhension des mécanismes d'interaction entre ultrasons et la micro-structure. L'os trabéculaire est un milieu anisotrope, hétérogène et biphasique fait d'un réseau des plaques et des tiges interconnectées (les travées) saturés par la moelle *in vivo*. Ses caractéristiques structurales ont des dimensions typiques (espacement trabéculaire moyen s'étendant de 0.5 à 2.0 *mm*, épaisseur trabéculaire moyenne s'étendant de 50 à 150 *µm* [40]) comparable à la longueur d'onde ultrasonore qui est approximativement 1.5 mm à 1 MHz. En outre, la grande hétérogénéité des propriétés osseuses dans un spécimen ou entre plusieurs spécimens ajoute une difficulté supplémentaire au défi que représente le développement d'un cadre théorique unique qui puisse englober la diversité des structures trabéculaires rencontrées dans le squelette humain ou dans la population.

De nombreuses interrogations restent donc encore en suspens : quels sont les mécanismes à l'origine de l'atténuation des ondes ultrasonores : absorption ou diffusion ? S'il y a effectivement de la diffusion, est-elle simple ou multiple ? Comment expliquer la dispersion, parfois négative, parfois positive ? *In fine*, l'objectif des techniques d'évaluation ultrasonore reste la prédiction de la résistance de l'os à la fracture soit par des mesures directes de ses déterminants, soit à partir de mesures indirectes de paramètres sensibles à la variation de ces déterminants. Les ultrasons en ont-ils le potentiel ? Nous allons maintenant tenter de répondre à ces questions.

Les principaux paramètres ultrasonores utilisés en cliniques sont mesurées en transmission : i) le BUA (Broadband Ultrasound Attenuation, la pente du coefficient d'atténuation en fonction de la fréquence dans la gamme de fréquence d'intérêt) et ii) le SOS (Speed of Sound, calculé selon des critères temporels ou fréquentiels). Bien que des considérations théoriques (comme des modèles de diffusion) suggèrent que ces deux variables sont principalement déterminées par la microstructure osseuse, les relations qui lient ces variables à la microstructure demeurent mal connues. Il est primordial de mieux comprendre ces relations afin de pouvoir développer de nouvelles stratégies de mesure. Pour ce faire, nous avons utilisé différentes approches. La première est empirique et consiste à étudier expérimentalement les relations liant densité et paramètres microarchitecturaux aux variables ultrasonores. Cette approche expérimentale, même si elle conduit à des résultats intéressants (voir section 2.2.2), se révèle limitée. Cela est en particulier dû à la forte covariance qui existe entre les paramètres de densité osseuse et les paramètres micro-architecturaux, empêchant une étude systématique de l'influence indépendante de ces différents paramètres. C'est pourquoi il nous est apparu important de développer d'autres approches, basées sur le traitement du signal (voir section 2.2.3), sur la résolution de modèles analytiques de propagation (voir section 2.2.8) et sur le couplage d'outils de simulation numérique avec des techniques d'imagerie à haute résolution (voir section 2.2.4). Cette dernière approche est mise à profit afin de réaliser une étude de sensibilité des variables ultrasonores aux fluctuations de propriétés osseuses (voir section 2.2.4) ou de la solidité osseuse (voir section 2.2.5) et de mieux comprendre les déterminants physiques des ondes lentes et rapides (voir section 2.2.6). La section 2.2.7 est dédiée à une étude utilisant le même code de simulation ultrasonore pour étudier la propagation ultrasonore dans des solutions de produit de contraste ultrasonore.

2.2.2 Caractérisation ultrasonore du fémur humain par des méthodes de transmission transverse : une approche empirique

Publication associée :
– Haïat G., Padilla F., Barkmann R., Kolta S., Latremouille C., Glüer C.-C. and Laugier P., "*In vitro* speed of sound measurement at intact human femur specimens", *Ultrasound med. biol.* **31** (7) (2005), pp. 987-996.

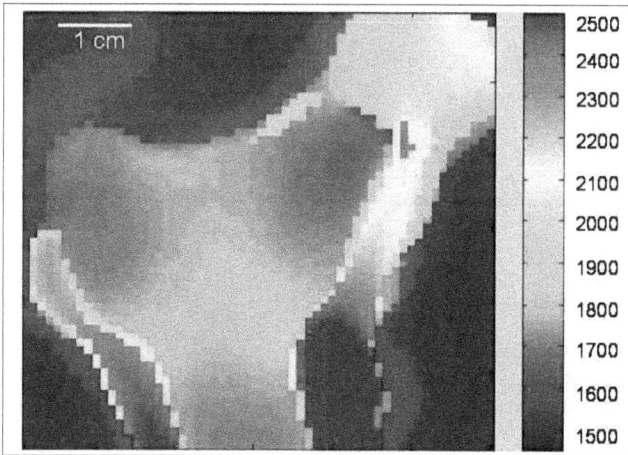

FIG. 2.3 – Cartographie de vitesse ultrasonore en m/s (6*6 cm) obtenue sur un specimen de fémur humain.

La plupart des dispositifs de mesure ultrasonore appliqués à l'os sont actuellement limités à l'étude de sites périphériques. Afin d'améliorer la prédiction du risque de fracture au fémur, je me suis intéressé à la caractérisation ultrasonore de fémurs humains *in vitro* lors de mon stage postdoctoral que j'ai réalisé au Laboratoire d'Imagerie Paramétrique en collaboration avec Frédéric Padilla et Pascal Laugier. Ce stage a été financé dans le cadre d'un projet européen dont l'objectif est le développement d'un dispositif clinique ultrasonore appliqué au fémur [41, 42]. Spécifiquement, l'objectif de l'étude était de démontrer la faisabilité des mesures de vitesse ultrasonore sur des échantillons de parties proximales de fémurs humains excisés et de déterminer la relation entre la vitesse ultrasonore et la BMD. Une cartographie de vitesse ultrasonore a été obtenue grâce à un dispositif de déplacement mécanique 2-D (pas du déplacement : 1 mm) couplé à un dispositif de transmission transverse. Les mesures ont été effectuées sur 38 échantillons à l'aide de capteurs ultrasonores fonctionnant autour de 0.5 MHz. Différentes régions d'intérêt ont été étudiées et les résultats ont été comparés à des mesures de densité minérale osseuse effectuées par absorptiométrie biphotonique dans les régions d'intérêt correspondantes. La reproductibilité des mesures a été comparée à la variabilité interindividuelle et notre étude démontre la faisabilité des mesures de vitesse ultrasonore à l'extrémité proximale du fémur avec une précision raisonnable (coefficient de variation de 0.3%), ce qui démontre l'intérêt de la technique pour une éventuelle utilisation *in vivo*. La meilleure prédiction de la BMD a été obtenue dans la région inter-trochanterienne ($r^2 = 0.91, p < 10^{-4}$) avec une erreur résiduelle (RMSE) de 0.06 g/cm^2. La BMD mesurée au fémur étant le meilleur prédicteur du risque de fracture de hanche, la corrélation significative et la faible erreur résiduelle trouvée dans cette étude suggère que les mesures de vitesse ultrasonore au fémur seraient un bon candidat pour la prédiction du risque de fracture.

Nous avons pu mettre en évidence la propagation d'ondes ultrasonores circonférentielles guidées par la couche corticale. Ce phénomène se caractérise par des vitesses de propagation élevées en périphérie du col et de l'épiphyse fémorale, comme le montre la Fig. 2.3. Ces ondes pourraient être utilisées dans le but de caractériser la coque corticale (qui supporte la plupart du chargement et dont les caractéristiques déterminent la solidité osseuse *in vivo* [43]) indépendamment de l'os trabéculaire. Ces travaux pourraient conduire à une estimation plus précise de la résistance globale de l'os directement au niveau du col du fémur.

2.2.3 Optimisation des mesures par des méthodes de traitement du signal adaptées

Publications associées :
- Haïat G., Padilla F., Barkmann R., Denks S., Moser U., Glüer C.-C. and Laugier P., "Optimal prediction of bone mineral density with ultrasonic measurements in excised femur", *Calcif. Tissue. Int.*, **77** (3) (2005), pp 186-192.
- Haïat G., Padilla F., Cleveland R. and Laugier P., "Effects of frequency dependent attenuation and dispersion on different speed of sound measurements on human intact femur", *IEEE Trans. Ultrason. Ferroelectr. Freq. Control.*, **53** (1) (2006), pp 39-51.

Les dispositifs expérimentaux ne donnent accès en pratique qu'à un faible nombre d'informations. De plus, un manque de standardisation des techniques de mesures de vitesse ultrasonore utilisées en clinique complique la comparaison entre les données obtenues avec les différents appareils commercialisés. L'objet du travail décrit dans cette section, qui a également été réalisé dans le cadre de mon stage post-doctoral, a donc consisté en l'étude de stratégies de traitement optimales des signaux ultrasonores.

L'étude décrite au paragraphe précédent a été mise à profit afin de comparer plusieurs vitesses mesurées en utilisant 8 méthodes différentes, dans le domaine temporel et fréquentiel. Ces méthodes peuvent être divisées en deux groupes. Pour les méthodes du premier groupe, la méthode utilise un seuil et se restreint à l'étude de la première partie du signal dans le domaine temporel (seuillage simple, première amplitude, déviation d'amplitude, premier passage par zéro). Les méthodes du second groupe considèrent au contraire l'ensemble du signal dans sa globalité (vitesse de groupe calculée par le temps du maximum de l'enveloppe, inter-corrélation, maximum du signal et vitesse de phase). Pour chaque méthode de traitement du signal, les corrélations i) entre la vitesse et la BMD, ii) entre le BUA et la vitesse et iii) entre la BMD et les deux paramètres ultrasonores (BUA et SOS) obtenu par régression multiple ont été estimées et les résultats sont montrés dans le tableau 2.1.

Méthode de traitement	$r^2_{BMD/SOS}$	$r^2_{BUA/SOS}$	r^2(Régression multiple)
Seuillage simple	0.86	0.57	0.9
Première amplitude	0.84	0.55	0.9
Déviation d'amplitude	0.86	0.58	0.9
Premier passage par zéro	0.82	0.52	0.9
V_g (enveloppe)	0.72	0.38	0.88
Inter-corrélation	0.7	0.34	0.89
Maximum	0.66	0.36	0.86
Vitesse de phase	0.67	0.33	0.88

TAB. 2.1 – Coefficient de détermination (r^2) obtenu entre SOS et BMD, SOS et BUA, et BMD et (BUA,SOS) à l'aide d'une analyse par régression multiple pour 8 méthodes de mesure de vitesse.

Comme le montre le tableau 2.1, les résultats obtenus en terme de corrélation sont comparables au sein du premier et du second groupe de méthode de traitement du signal. Les corrélations obtenues entre la vitesse et la BMD sont supérieures avec les méthodes du premier groupe par rapport à celles obtenues avec les méthodes du second groupe, ce qui permet de trancher sur la mesure de vitesse à effectuer (vitesse de premier signal). L'analyse par régression multiple permet d'améliorer les performances de la prédiction de la BMD et les résultats sont alors comparables pour les différentes méthodes de calcul de vitesse. De plus, les corrélations obtenues entre le BUA et la BMD sont supérieures avec les méthodes du premier groupe par rapport à celles obtenues avec les méthodes du second groupe.

Afin de comprendre ces résultats, les signaux obtenus expérimentalement ont été comparés à un modèle numérique développé dans le but d'évaluer l'impact de l'atténuation [44, 45] et de la dispersion sur les différentes mesures de vitesse. Un modèle numérique basé sur un filtrage linéaire dans le domaine fréquentiel a été utilisé afin d'expliquer les variations de cet écart de vitesse. De plus, une méthode visant à compenser les effets de l'atténuation a été développée. La Figure 2.4 montre l'écart normalisé obtenu entre la vitesse de groupe et la vitesse de premier passage par zéro (Ecart normalisé entre les vitesses, ENEV) en fonction du BUA pour une valeur nulle de dispersion (Fig. 2.4(a)) et en fonction du BUA pour différentes valeurs de dispersion (Fig. 2.4(b-d)).

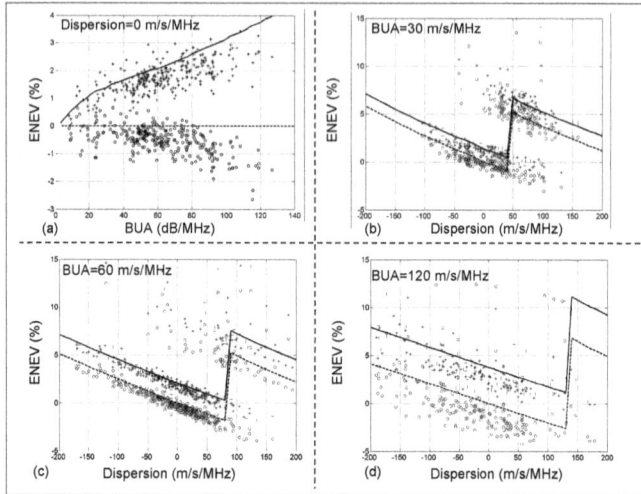

FIG. 2.4 – Variation de l'écart normalisé obtenu entre la vitesse de groupe et la vitesse de premier passage par zéro (Ecart normalisé entre les vitesses, ENEV) pour les signaux expérimentaux et simulés sans et avec la méthode de compensation. Les croix et les lignes pleines correspondent respectivement aux données expérimentales et simulées obtenues sans la méthode de compensation. Les cercles et les lignes pointillées correspondent respectivement aux données expérimentales et simulées obtenues avec la méthode de compensation. (a) Seuls les signaux expérimentaux avec une faible valeur de dispersion (0 ± 0.5 m/s/MHz) sont considérés. Une valeur nulle de dispersion a été prise en compte pour les signaux simulés. (b), (c), (d) Seuls les signaux expérimentaux avec une valeur de BUA de 30 ± 0.5 dB/MHz/cm, 60 ± 0.5 dB/MHz/cm et 120 ± 1 dB/MHz/cm respectivement sont considérés. Une valeur de BUA correspondante a été prise en compte respectivement pour les signaux simulés.

Un bon accord est obtenu entre la théorie et l'expérience sauf pour les fortes valeurs d'atténuation. Dans tous les cas, la méthode de compensation permet de réduire significativement l'ENEV, ce qui prouve son efficacité. Ces résultats mettent en évidence l'importance de l'effet de la dispersion sur la différence entre les vitesses, ce qui constitue une originalité. Les sauts observés dans la Fig. 2.4 peuvent s'expliquer par la mise en oeuvre de la méthode de simulation et proviennent de la méthode de seuillage utilisée.

Ce travail a également permis d'expliquer les résultats montrés dans le tableau 2.1. La meilleure corrélation obtenue avec les méthodes du premier (par rapport au deuxième) groupe de traitement du signal peut s'expliquer par deux phénomènes. Premièrement, l'utilisation d'un marqueur situé au début du signal permet d'être moins sensible aux interférences liées à des trajets multiples de l'onde. Deuxièmement, les vitesses calculées avec les méthodes du premier groupe sont corrélées avec le BUA, qui est lui même corrélé avec la BMD [46]. Ainsi, les vitesses du premier groupe cumulent dans les mesures une information portant sur l'atténuation avec une information portant sur la vitesse de groupe, ce qui explique leur meilleure corrélation avec la BMD qui est sensible aux deux paramètres.

Les résultats expérimentaux obtenus ont été comparés avec les prédictions obtenues à l'aide de la formulation locale des relations de Kramers-Kronig [47, 48, 49]. La Figure 2.5 montre un histogramme dans l'espace atténuation-dispersion pour l'ensemble des signaux expérimentaux obtenus avec tous les spécimens. Pour chaque pixel positionné à (BUA_0, D_0), le niveau de gris code le nombre total de position de balayage pour lesquelles le BUA vaut $BUA_0 \pm 1.33$ dB/MHz/cm et la dispersion $D_0 \pm 8$ m/s/MHz. La courbe blanche indique les valeurs théoriques obtenues en utilisant les relation de Framers-Kronig, en supposant un filtrage linéaire pour l'atténuation et la dispersion [48, 47]. Les données expérimentales possèdent une large gamme de dispersion pour une valeur d'atténuation donnée et les résultats diffèrent significativement des prédictions issues des relations de Kramers-Kronig. Ce comportement est comparable au comportement obtenu dans la littérature [33, 50].

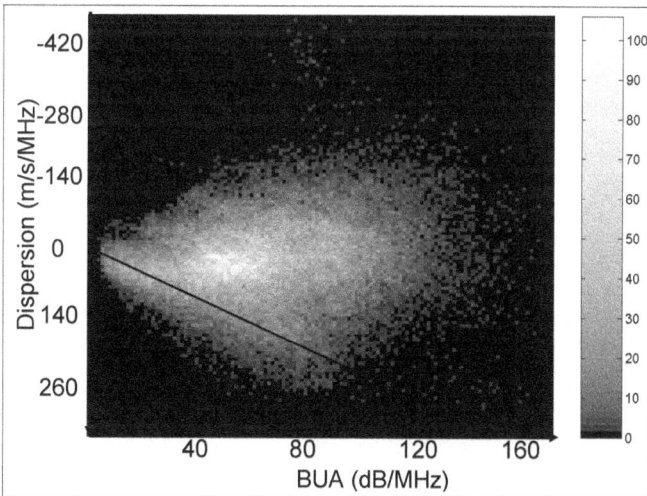

FIG. 2.5 – Histogramme représentant le nombre de positions de balayage mesurées en fonction des valeurs d'atténuation et de dispersion. Le niveau de gris (montré à droite de la figure) code le nombre de signaux obtenus avec tous les spécimens pour la valeur correspondante d'atténuation (± 1.33 dB/cm/MHz) et de dispersion (± 8 m/s/MHz). La ligne blanche représente les résultats théoriques obtenus avec les relations de Kramers-Kronig.

Les approches utilisant le traitement du signal reste cependant insuffisantes afin de comprendre l'interaction complexe entre l'os et les ondes ultrasonores. Pour atteindre cet objectif, nous avons mis en oeuvre des outils de simulation numérique couplés avec des techniques d'imagerie à haute résolution.

2.2.4 Sensibilité des paramètres ultrasonores à des modifications de propriétés osseuses

Publications associées :
- Haïat G., Padilla F., Peyrin F., Laugier P., "Variation of Ultrasonic Parameters With Microstructure and Material Properties of Trabecular Bone : A 3D Model Simulation.", *J Bone Miner Res.* **22**(5) (2007), pp 665-74.
- Haïat G., Padilla F., Barkmann R., Glüer C.-C. and Laugier P., "Numerical simulation of the dependence of quantitative ultrasonic parameters on trabecular bone microarchitecture and elastic constants", *Ultrasonics.*, **44**(S1) (2006), pp e289-e294.
- Padilla F., Bossy E., Haïat G., Jenson F., Laugier P., "Numerical simulation of wave propagation in cancellous bone : transmission and backscattering", *Ultrasonics.*, **44**(S1) (2006), pp e239-e243.

Introduction

La structure et les propriétés matérielles du tissu osseux sont difficiles à obtenir expérimentalement par ultrasons : *in vitro*, après ajustement de la fraction volumique, l'impact de la microarchitecture sur les paramètres ultrasonores est significatif mais faible [32]. Cela peut s'expliquer par le fait que fraction volumique et la microstructure sont fortement corrélées et évoluent en parallèle. De plus, les analyses statistiques sont limitées par le nombre faible d'échantillons disponibles.

Afin de surmonter les difficultés liées à la nature expérimentale de ces travaux, il a été suggéré de mettre en oeuvre des approches permettant une variation indépendante du BV/TV et de la microarchitecture, ce qui permet une estimation directe des déterminants des propriétés acoustiques [32]. La simulation numérique (par exemple par différences finies ou éléments finis) couplée à des techniques d'imagerie haute résolution semble susceptible d'apporter des solutions intéressantes : cette approche (éléments finis) a été utilisée pour étudier l'impact de variations de la microstructure sur les propriétés mécaniques de l'os [51]. Dans le domaine de l'acoustique ultrasonore, des simulations par différences finies dans le domaine temporel (FDTD pour finite difference time domain) sont susceptibles de modéliser la géométrie complexe tridimensionnelle de la structure osseuse en couplant des calculs de propagation d'onde avec des modèles numériques d'os. Luo et al. [52] ont été les premiers à réaliser des simulations numériques en utilisant des reconstructions 2-D d'os trabéculaire issues de la microtomographie. Hosakawa [53] a comparé des simulations 2-D FDTD dans le cadre de comportement élastiques et poroélastique [2]. Plus récemment, des simulations FDTD ont été couplées à des modèles 3-D d'os [54, 55]. Cette approche a été validée par une comparaison expérimentale [56]. Cependant, l'effet de variations indépendantes de la microstructure et des propriétés matérielles sur les paramètres ultrasonores reste largement inexpliqué. Ce travail porte

---

[2]Les lois de comportement sont alors obtenues à partir de la théorie de Biot.

sur une étude de sensibilité des paramètres ultrasonores aux propriétés osseuses, ce qui constitue un premier pas vers la résolution du problème inverse. Ce travail a été réalisé en collaboration avec le laboratoire d'imagerie paramétrique.

Modèle numérique 3-D de la structure de l'os trabéculaire

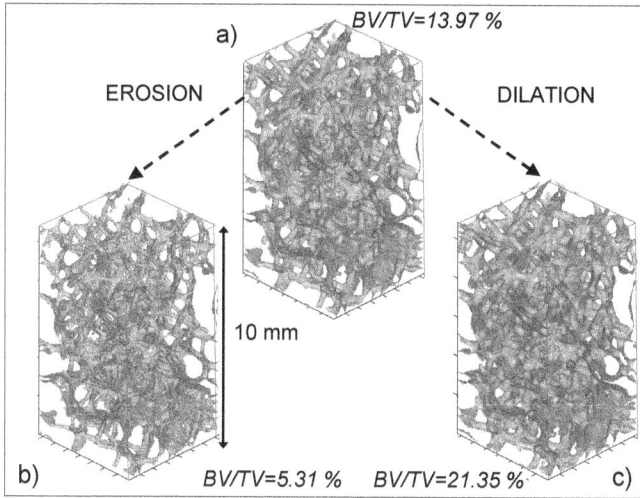

FIG. 2.6 – Illustration des scénarios d'altération de la microarchitecture. Les images représentent les structures trabéculaires 3-D. a) : Echantillon original, b) : structure érodée, c) : structure dilatée.

La microarchitecture 3-D de 30 échantillons d'os trabéculaire fémoral humain a été mesurée par microtomographie par rayonnement synchrotron [57] à l'ESRF par l'équipe de Françoise Peyrin. La résolution initiale de 10 μm a été réduite à 30 μm afin d'atteindre un compromis entre des contraintes de mémoire et de temps de calcul, et une précision acceptable de la structure trabéculaire. Ces images 3-D ont été utilisées pour créer des modèles binaires numériques après application d'un seuillage. Ces modèles ont été utilisés dans trois buts différents. Premièrement, ils ont servi de structures de référence pour l'étude de l'impact des propriétés matérielles sur les paramètres ultrasonores (BUA et SOS) à structure fixée. Les propriétés de référence de la matrice osseuse correspondent à une vitesse longitudinale V_L de 4000 m/s, transverse V_T de 1800 m/s et à une densité de 1.85 g/cm3, qui sont des valeurs typiques pour l'os cortical trouvées dans la littérature [27]. La valeur du Module d'Young correspondante est de 22 GPa, ce qui est proche des valeurs trouvées dans la littérature par des mesures de nanoindentation [58]. Les valeurs de C_{11} et de C_{44} ont été modifiées en considérant une densité constante. Ces modifications correspondent respectivement à une variation de ±10% des vitesses longitudinale et transverse autour des valeurs de référence. Les variations de C_{11} correspondent aux valeurs trouvées dans la littérature [59], mais il n'a pas été possible de trouver d'échelle de variation pour C_{44}. Les valeurs de densité ont été modifiées de $\pm 15\%$ par rapport à la valeur de référence, également d'après les valeurs trouvées dans la littérature [60] et en considérant des constantes élastiques fixées.

Deuxièmement, ces modèles ont été utilisés afin d'évaluer l'effet de variations de fraction volumique et de microstructure en utilisant des techniques de traitement d'image pour altérer les modèles 3-D et construire un total de 134 nouvelles structures ayant des travées osseuses de tailles différentes. Chaque modèle d'os (un modèle correspondant à un échantillon) a été utilisé pour générer 4 à 5 structures 3-D différentes ayant toutes les mêmes propriétés matérielles et des fractions volumiques comprises entre 5 % et 25 %, ces valeurs correspondant à une gamme de variation physiologique [61]. Un algorithme itératif dédié a été développé pour modifier les structures initiales. Le premier scénario, qui correspond à une érosion et à une diminution de la fraction volumique d'os, modélise un amincissement des travées consécutif à une atteinte ostéoporotique. Le deuxième correspond au scénario inverse : une dilatation du réseau induisant une augmentation de la fraction volumique. La Figure 2.6(a) montre une surface typique issue du modèle numérique 3-D d'un réseau d'os trabéculaire et les Fig. 2.6(b) et 2.6(c) montrent les mêmes structures après dilatation et érosion. Troisièmement, une méthode similaire (une érosion ou une dilatation) a été appliquée à chaque modèle original de façon à construire un nouvel ensemble de 30 structures ayant la même fraction volumique d'os de 13 %. Cette dernière procédure vise à évaluer l'effet de la microstructure indépendamment de la fraction volumique.

Simulation de la propagation ultrasonore

Les simulations de propagation d'ondes ultrasonores dans l'os trabéculaire ont été réalisées à l'aide du logiciel Simsonic développé par le Laboratoire d'Imagerie Paramétrique [54, 55]. Il est basé sur un schéma de résolution développé par de Virieux en Géophysique [62] permettant une simulation rapide de la propagation à la fois dans un solide et dans un fluide. Cet outil de simulation prend en compte les réflexions, réfractions et les conversion de mode pour toutes les interfaces [62], mais les phénomènes d'absorption visqueuse ou viscoélastique ne sont pas modélisés.

Pour toutes les simulations, la moelle osseuse est considérée comme de l'eau non visqueuse de densité 1 g/cm3 et de vitesse longitudinale de 1500 m/s. Le tissu osseux est supposé isotrope, non absorbant et homogène. La source plane de pression est définie sur toute la largeur de la zone de calcul dans un plan XY en $Z = 0$, Z correspondant à la direction de propagation de l'onde. Des conditions aux limites symétriques ont été imposées sur les faces XZ et XZ, afin de prendre en compte la taille limitée de l'échantillon. La propagation s'effectue donc dans une structure périodisée dans les directions X et Y. Le signal émis par la source est large bande de fréquence centrale 1 MHz, comparable aux signaux expérimentaux. Un récepteur plan est placé en $Z = 10$ mm et le signal est moyenné sur toute sa surface. Pour chaque simulation, SOS et BUA ont été calculés. Le SOS est calculé en utilisant la technique du premier passage par zéro, comme l'étude décrite dans la section 2.2.3 l'a montré.

Résultats

Pour toutes les simulations effectuées, les variations du coefficient d'atténuation dans la gamme de fréquence considérée sont significativement linéaires ($r^2 > 0.98$), ce qui permet de calculer le BUA précisément. La Figure 2.7 montre la variation du BUA et du SOS en fonction du BV/TV pour les structures originales et modifiées (érodées et dilatées). Les deux paramètres ultrasonores sont fortement et positivement corrélés avec le BV/TV ($r^2 = 0.94$; $p < 10^{-4}$; $RMSE = 2.51$ dB/MHz/cm pour le BUA et $r^2 = 0.94$; $p < 10^{-4}$; $RMSE = 15.4$ m/s pour le SOS). BUA et SOS augmentent approximativement à un taux d'environ 2 dB/cm/MHz et 11 m/s par pourcent d'augmentation du BV/TV, respectivement. La dispersion des paramètres ultrasonores augmente en fonction du BV/TV, de manière comparable aux résultats expérimentaux [63, 64].

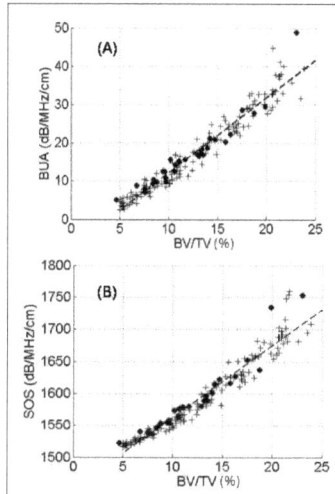

FIG. 2.7 – Variations du BUA (a) et du SOS (b) en fonction du BV/TV obtenues à partir des simulations numériques effectuées dans les 164 structures 3-D. Les paramètres ultrasonores pour les 30 structures originales (intactes) et pour les 134 structures modifiées sont indiqués respectivement par des points et des croix. Les lignes pointillées représentent les régressions linéaires.

Pour la série de 30 structures ayant des BV/TV identiques (13 %), la valeur moyenne, l'écart-type et la gamme de variation de BUA et de SOS sont respectivement de 16.8 ± 1.95 dB/cm/MHz (min= 13.3 dB/cm.MHz ; max=21.3 dB/cm.MHz) et 1586 ± 9 m/s (min= 1567 m/s ; max=1603 m/s). Ces données indiquent une variabilité (donnée par 4 écart types pour une distribution normale) de 7.8 dB/MHz.cm et 36 m/s pour BUA et SOS respectivement. Cette variabilité est due spécifiquement à la diversité des microstructures.

Le Tableau 2.2 compare la sensibilité des paramètres ultrasonores aux variations de propriétés matérielles et à la diversité de la microstructure pour un BV/TV de 13%. Le BUA est plus sensible à des variations de microstructure alors que la sensibilité de SOS aux variations de la microstructure est comparable à celle des propriétés matérielles, notamment pour des changements de densité.

	Variation relative de BUA (%)	Variation relative de SOS (%)
Microstructure	45	2.2
C_{11} (GPa)	10	0.9
C_{44} (GPa)	10	0.5
ρ (g/cm^2)	8	-2.7

TAB. 2.2 – Variation relative (%) du BUA et du SOS due à des modification de microstructure et de propriétés matérielles à BV/TV constant (13 %).

Discussion

L'estimation de la sensibilité des variables ultrasonores au BV/TV, à la microstructure et aux propriétés matérielles de l'os trabéculaire dépend du modèle utilisé et des nombreuses approximations effectuées. Premièrement, les valeurs des propriétés matérielles du tissu osseux ne sont pas connues (des valeurs génériques sont utilisées). Deuxièmement, le modèle néglige les phénomènes d'absorption visqueuse dans le volume et à l'interface entre l'os et la moelle. Troisièmement, le tissu osseux est supposé homogène et isotrope. Quatrièmement, un des points critiques de notre approche porte sur le choix des scénarios d'altération de la microstructure et des propriétés matérielles qui restent d'ailleurs mal compris. Ces limitations sont susceptibles d'influencer quantitativement les effets observés. Cependant, nous pensons qu'elles ne modifient pas les principales conclusions de cette étude car nous nous sommes appuyés sur des résultats issus de la littérature et nous obtenons des valeurs de SOS et de BUA conformes aux expériences [63].

Les modifications des propriétés matérielles ont un effet sur la section efficace de diffusion à travers un changement d'impédance acoustique. De même que pour une augmentation de la taille de diffuseurs, une augmentation de la rupture d'impédance entre l'eau et le matériau solide provoque une augmentation de section efficace de diffusion et donc une augmentation de l'atténuation. De plus, le fait que la vitesse transverse des diffuseurs modifie les paramètres ultrasonores montre que les modes transverses jouent un rôle dans l'interaction entre l'onde ultrasonore et la structure trabéculaire.

Les résultats de cette étude suggèrent que les variables ultrasonores sont d'abord fortement dépendantes de la porosité (ou du BV/TV). Cependant, les propriétés matérielles et la structure jouent aussi un rôle. Les simulations FDTD couplées à des configurations réalistes d'os trabéculaire apportent de nouvelles pistes pour la compréhension de l'effet des propriétés osseuses sur les variables ultrasonores. Cela constitue un premier pas vers la résolution du problème inverse en identifiant les caractéristiques osseuses susceptibles d'être déterminées à partir de la mesure ultrasonore.

La densité minérale osseuse (BMD) est un paramètre mesuré en clinique afin d'estimer la solidité osseuse et peut être directement reliée au BV/TV par une relation de proportionnalité. La sensibilité des paramètres ultrasonores à une variation de BMD (réalisée par un changement de BV/TV ou de minéralisation) a été évaluée. Nous avons pu montré que la sensibilité du BUA et du SOS à une variation de BMD réalisée par un changement de BV/TV est plus importante par rapport à un changement de BMD réalisé par une modification de la seule minéralisation, sauf pour des faible valeurs de BV/TV, où les deux effets sont comparables. Cependant, il serait plus intéressant de déterminer la sensibilité de variables ultrasonores à une variation de propriétés osseuses importantes cliniquement, comme la solidité osseuse, puisque c'est précisément l'objectif des techniques ultrasonores quantitatives. C'est ce que nous allons tenter de faire dans le paragraphe suivant.

2.2.5 Relations entre les paramètres ultrasonores et la solidité osseuse

Publication associée :
– Haïat G., Padilla F., Laugier P., "Sensitivity of QUS parameters to controlled variations of bone strength assessed with a cellular model", **sous presse** à *IEEE Trans. Ultrason. Ferroelectr. Freq. Control.*

Introduction

La détermination de la sensibilité des paramètres ultrasonores à des variations de solidité osseuse est un problème difficile du fait de l'abscence de modèle universellement reconnu permettant d'estimer la solidité osseuse à partir des propriétés structurales et matérielles de l'os trabéculaire. Dans cette étude, nous avons déterminé la sensibilité du BUA et du SOS à des variations de solidité osseuse. Nous avons déterminé dans quelle mesure les variables ultrasonores répondent à une variation de solidité osseuse de 10% réalisée soit par un changement de propriétés matérielles, soit par un changement de BV/TV. Pour cela, un modèle mécanique cellulaire est combiné à une analyse par régression multiple obtenue à partir de l'analyse des simulations numériques effectuées au paragraphe précédent. Le modèle de mécanique cellulaire [65] permet l'estimation du module d'Young à l'échelle macroscopique E_{Os} (c'est à dire pour tout l'échantillon). Ce dernier paramètre est utilisé comme estimation de la résistance ultime en compression car ces deux grandeurs sont significativement corrélés [66, 67, 68, 69, 70], ce qui permet d'utiliser le module d'Young macroscopique comme un bon indicateur de la solidité osseuse. Ce modèle permet un calcul anaytique de la solidité osseuse, exprimée en fonction du module d'Young du tissu osseux et du BV/TV. La stratégie de la méthode, mise au point et développée en collaboration avec le laboratoire d'imagerie paramétrique, notamment dans le cadre du stage de master de Nicolas Biais, est résumée dans la Fig. 2.8.

Sensibilité des paramètres ultrasonores

A partir des résultats obtenus dans le paragraphe précédent, une régression multiple est réalisée avec le BUA (SOS, respectivement) comme variable dépendante et BV/TV, V_L,

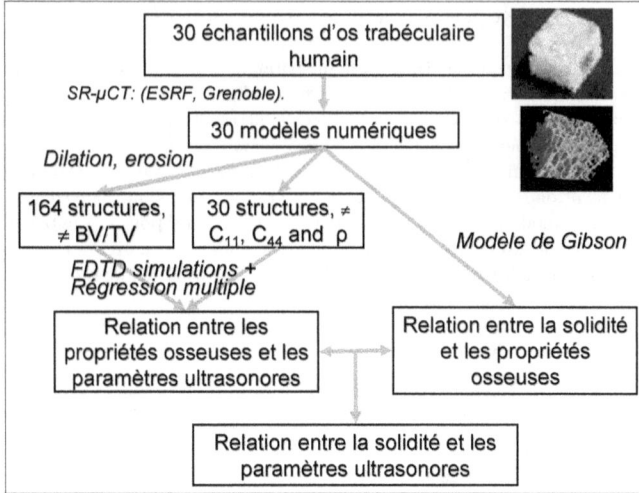

FIG. 2.8 – Schéma récapitulatif de l'approche mise en oeuvre afin d'estimer la relation entre la solidité osseuse et les paramètres ultrasonores.

V_T et la densité comme variables indépendantes. Cette régression multiple a été obtenue à partir de calculs réalisés en changeant le BV/TV et les propriétés matérielles de la matrice osseuse (210 simulations numériques différentes). Les paramètres ultrasonores peuvent être approximés par les relations suivantes :

$$BUA = 1.97BV/TV + 2.75\rho + 2.2\ 10^{-3}V_L + 4.2\ 10^{-3}V_T - 28.7, r^2 = 0.93 \quad (2.1)$$
$$SOS = 11.4BV/TV - 35.1\rho + 1.8\ 10^{-2}V_L + 1.33\ 10^{-2}V_T + 1418, r^2 = 0.92$$

Estimation de la solidité osseuse

Afin de déterminer le module d'Young à l'échelle macroscopique (c'est à dire pour tout l'échantillon) comme estimation de la résistance ultime en compression, nous nous sommes appuyé sur le travail de Gibson [65], qui a été utilisé dans la littérature [71, 72, 73, 74] afin de calculer le module élastique E_{Os} à l'échelle macroscopique en fonction des paramètres morphologiques de l'os et des propriétés élastiques du tissu donné par la relation :

$$E_{Os} = E_{tissu}\ BV/TV^p, \quad (2.2)$$

où E_{tissu} est le module d'Young du tissu osseux considéré comme homogène élastique isotrope. Les effets de la microarchitecture sont pris en compte par l'exposant p qui dépend de la nature du squelette de la structure [65]. Pour des structures trabéculaires, p est compris entre 1.56 et 2.18 en fonction du site étudié [60, 75, 76, 77]. Afin de considérer l'ensemble des cas rencontrés dans la littérature, nous avons considéré une valeur de p égale à 1.7 ainsi que des valeurs de 1.5 et de 2.

Il est maintenant possible d'estimer la dépendance des paramètres ultrasonores à des variations de solidité osseuse dues à des changements indépendants de propriétés osseuses.

Sensibilité des paramètres ultrasonores à une variation de solidité osseuse

La variation de solidité osseuse peut être due soit à une variation de BV/TV, soit à une variation de E_{tissue}, qui dépend à son tour de C_{11} et C_{44} [78]. En supposant une relation linéaire entre la résistance ultime S et E_{Os}, on obtient :

$$\frac{\delta S}{S} = \frac{\delta E_{Os}}{E_{Os}} \tag{2.3}$$

En regroupant les Eq. 2.3, 2.2, 2.1 et la relation entre E_{tissue}, C_{11} et C_{44}, on obtient les relations permettant de déterminer les variations des deux paramètres ultrasonores dues à une variation relative de solidité osseuse imposée par une variation de BV/TV, C_{11} et C_{44}.

Résultats et discussion

Dans ce qui suit, nous calculons la sensibilité des paramètres ultrasonores à une variation relative de la solidité ultime égale à 10%, ce qui correspond approximativement à une diminution de la solidité observée pour une décade [73]. Les Figures 2.9(a-c) montrent les variations du BUA causées par une variation de solidité de 10%, dûe respectivement à une variation pure de BV/TV (Fig. 2.9(a)), C_{11} (Fig. 2.9(b)) et C_{44} (Fig. 2.9(c)). La Figure 2.9(a) montre les résultats pour différentes valeurs de p (Eq. 2.2).

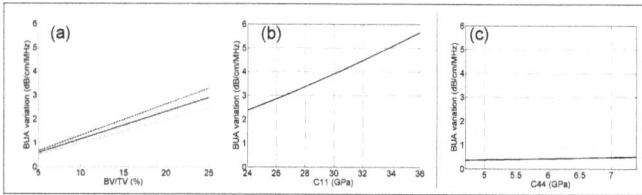

FIG. 2.9 – Variations du BUA induits par une variation relative de solidité osseuse de 10% due à un changement de (a) : BV/TV, (b) : C_{11} et (c) : C_{44}. Les variations de BUA sont tracées en fonction du paramètre d'intérêt dans la gamme physiologique. Dans (a), les variations de BUA sont données pour $p = 1.5$ (ligne verte), $p = 1.7$ (ligne noire pleine) et $p = 2$ (ligne noire pointillée).

De la même façon, les Figs. 2.10(a-c) montrent les variations du SOS causées par une variation relative de solidité de 10%, dûe respectivement à une variation pure de BV/TV (Fig. 2.10(a)), C_{11} (Fig. 2.10(b)) et C_{44} (Fig. 2.10(c)). La Figure 2.10(a) montre les résultats pour différentes valeurs de p (Eq. 2.2).

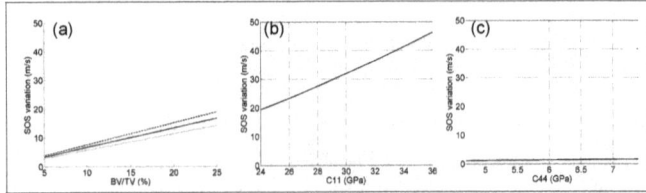

FIG. 2.10 – Variations du SOS induits par une variation relative de solidité osseuse de 10% dûe à un changement de (a) : BV/TV, (b) : C_{11} et (c) : C_{44}. Les variations de SOS sont tracées en fonction du paramètre d'intérêt dans la gamme physiologique. Dans (a), les variations de SOS sont données pour $p = 1.5$ (ligne verte), $p = 1.7$ (ligne noire pleine) et $p = 2$ (ligne noire pointillée).

Pour une variation relative de solidité osseuse de 10%, les deux paramètres ultrasonores sont plus sensibles à une variation de solidité osseuse due à un changement de C_{11} qu'à un changement de BV/TV, sauf pour des fortes valeurs de BV/TV et des faibles valeurs de C_{11}, où les deux variations sont comparables. De plus, les variations de paramètres ultrasonores causées par une variation de solidité osseuse due à un changement de C_{44} est faible, ce qui montre que les paramètres ultrasonores en transmission sont faiblement sensible à des changements de C_{44} de la matrice osseuse. Enfin, des variations de p ont peu d'impact sur les résultats obtenus.

Les résultats ont été comparés à la précision de la technique. Excepté lorsque le BV/TV est important, les variations du BUA en réponse à une variation de solidité réalisée par un changement de BV/TV seul sont supérieures à l'imprécision de la technique et peuvent donc être détectées. Lorsque les variations de solidité sont réalisées par des changements purs de C_{11} ou de C_{44}, la réponse des paramètres ultrasonores est inférieur à la précision de la technique et ne peut donc pas être détectée.

Cependant, l'interprétation de ces données n'est pas évidente du fait de la simplicité du modèle utilisé et de la description simpliste de l'os trabéculaire. Notre approche pourrait être améliorée par exemple en utilisant le modèle de tenseur de fabrique [76, 77, 79, 80] pour la détermination des propriétés élastiques macroscopiques de l'os en prenant en compte l'anisotropie structurale. De plus, des modèles de calcul du module d'Young à l'échelle macroscopique plus réalistes (analyses par micro-élément finis [81]) sont également susceptibles d'améliorer la qualité de la prédiction de la solidité osseuse.

Jusque là, nous nous sommes uniquement intéressés à la propagation ultrasonore dans la direction antéropostérieure. Dans ce qui suit, la propagation ultrasonore dans toutes les directions sera considérée à l'aide de la même approche couplant la simulation numérique à l'imagerie, ce qui va donner lieu, comme nous allons le montrer, à l'apparition d'ondes lentes et rapides sous certaines conditions.

2.2.6 Prédiction des ondes de lentes et rapides

Publication associée :
- Haïat G., Padilla F., Laugier P., "Fast wave propagation in trabecular bone : numerical study of the influence of porosity and structural anisotropy", *J Acoust. Soc. Am.* **123**(3) (2008) pp 1694-705.

Introduction

Des modèles théoriques utilisant la théorie de Biot [82, 83], initialement développés dans le contexte d'applications géophysiques, ont été appliqués avec un certain succès à l'os trabéculaire [38, 39, 37, 84, 85, 86, 87], ce qui a permis de prédire l'existence de deux ondes longitudinales. Ces deux ondes proviennent du couplage des phases fluide et solide et correspondent à un mouvement relatif en phase (onde rapide) et déphasé (onde lente) du fluide par rapport au solide. Hosokawa et Otani [38, 39] ont été les premier à montrer expérimentalement l'existence de ces deux ondes dans l'os trabéculaire bovin et cette observation a pu être reproduite par d'autres [88, 89].

Bien que prédites expérimentalement, l'observation de deux ondes séparées dans le domaine temporel n'est quelquefois pas possible du fait de la dépendance complexe de la vitesse de chaque onde au BV/TV et à l'orientation du faisceau par rapport à l'alignement trabéculaire principal (ATP). Afin de résoudre ce problème, l'application de la théorie de Biot reste limitée du fait des difficultés liées à la prise en compte de la microstructure 3-D de l'os. Le couplage d'outils de simulation FDTD avec des techniques d'imagerie à haute résolution permet de dépasser ces difficultés techniques. Ce travail a fait l'objet d'une collaboration avec le laboratoire d'imagerie paramétrique.

Modèle d'os

La propagation ultrasonore a été étudiée dans les trois directions perpendiculaires X, Y et Z afin de déterminer l'effet de l'angle d'insonification sur la propagation. Les 34 modèles obtenus à partir de la technique d'imagerie ont été directement utilisés afin de simuler la propagation dans la direction Z. Les même 34 modèles d'os ont été transformés géométriquement en utilisant des techniques de traitement d'image 3-D (symétrie plane) afin de simuler la propagation ultrasonore dans les directions X et Y sur une distance suffisamment importante de 1 cm. Cette transformation mène à un total de 102 modèles virtuels d'os, que l'on appellera modèle original d'os.

Les 102 modèles originaux d'os ont été utilisés afin d'évaluer l'impact d'un changement de BV/TV (obtenu à l'aide de la procédure décrite au paragraphe 2.2.4). Chaque modèle original d'os a donc été modifié afin d'obtenir un ensemble d'échantillons virtuels dérivés (l'ensemble de ces modèles d'os étant appelé par la suite "série de simulations"), ce qui a mené à un total de 530 structures osseuses ayant des valeurs de BV/TV allant de 5% à 25%. Chaque modèle original d'os a été analysé en terme anisotropie structural afin d'évaluer l'ATP ainsi que le degré d'anisotropie (DA), ce qui a été effectué en utilisant la méthode du "Mean Intercept Length" (MIL) [90].

Evaluation de la séparation des deux ondes dans le domaine temporel

Même si deux ondes se propagent dans l'os, une seule forme d'onde est souvent observée, cette situation correspondant aux "mixed modes" décrits par Marutyan et al. [91]. La Figure 2.11 illustre cette difficulté en comparant les résultats simulés obtenus avec deux structures de même BV/TV (20.6%). Comme l'illustre la Fig. 2.11, la non linéarité du coefficient d'atténuation provient de l'interférence entre l'onde lente et rapide.

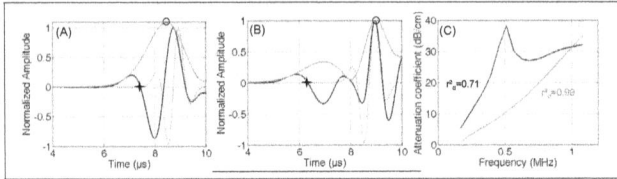

FIG. 2.11 – Formes d'onde typiques obtenues avec la simulation numérique lorsque les ondes lente et rapides : (a) se superposent, (b) sont séparées dans le temps. Les lignes noires pleines représentent le signal transmis dans l'os, la ligne grise son enveloppe et la ligne pointillée le signal de référence. Les croix indiquent le premier passage par zéro et les cercles le maximum de l'enveloppe. (c) : Les lignes grises et noires correspondent respectivement au coefficient d'atténuation obtenu à partir des signaux montrés en (a) et (b).

Le critère utilisé pour déterminer si les deux ondes sont séparées est basé sur les résultats montrés dans la Fig. 2.11. Soit r^2 le coefficient de détermination entre le coefficient d'atténuation et la fréquence évalué entre 300 kHz et 1.1 MHz. Lorsque $r^2 > 0.97$ (le choix du seuil a été effectué de manière arbitraire), la dépendance fréquentielle de l'atténuation est quasi-linéaire et le signal est comparable en forme au signal de référence transmis dans l'eau. En revanche, lorsque $r^2 < 0.97$, le signal transmis est modifié et les deux ondes sont suffisamment séparées dans le temps pour produire un effet d'interférence responsable de cette non-linéarité. Cette méthode a été appliquée à l'ensemble des signaux obtenus avec la simulation, ce qui permet de déterminer sous quelles conditions les deux ondes sont séparées ou superposées.

Effet de la fraction volumique

Augmenter le BV/TV d'un modèle d'os au sein d'une série de simulations peut mener à seulement deux situations, ce qui permet une partition en 2 groupes des 102 séries de simulations. Pour les séries de simulations du premier groupe, (appelé groupe A), augmenter le BV/TV dans la gamme physiologique ne mène pas à l'observation de deux modes de propagation, comme l'illustre la Fig. 2.12(a). La Figure 2.12(b) montre les valeurs de r^2 pour une série de simulations correspondante. Pour les séries de simulations du deuxième groupe (appelé group B), augmenter le BV/TV dans la gamme physiologique mène toujours, au-dessus d'une certaine valeur de BV/TV noté BV/TV_c, à l'observation de deux signaux interférant comme dans la Fig. 2.11(b), comme le montre la Fig. 2.12(c). La Figure 2.12(d) montre les valeurs de r^2 pour une série de simulations

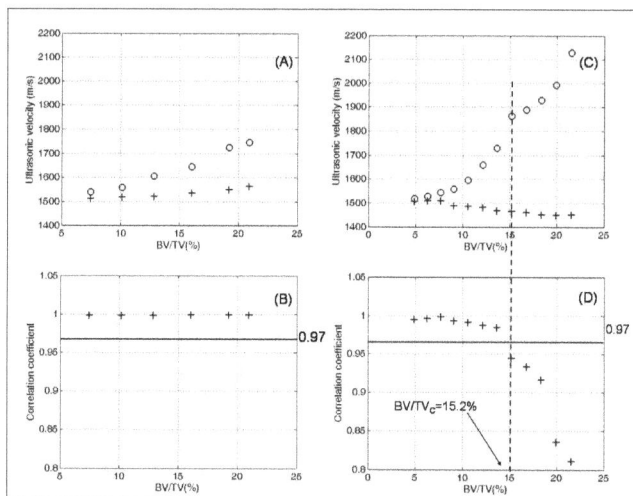

FIG. 2.12 – (a) (respectivement (c)) : Vitesse de premier passage par zéro (cercles) et vitesse de groupe (croix) en fonction du BV/TV pour une série de simulations du groupe A (respectivement B). (b) (respectivement (d)) : Coefficient de corrélation du coefficient d'atténuation en fonction de la fréquence en fonction du BV/TV pour la série de simulations correspondante. Le seuil indiquant la séparation d'onde est représenté par une ligne pleine.

correspondante.

Effet de la direction de propagation

Direction de propagation	Z			X			Y		
ATP	X	Y	Z	X	Y	Z	X	Y	Z
Groupe A	11	20	*1*	*8*	13	0	9	*5*	1
Groupe B	1	0	*1*	*13*	0	0	2	*17*	0

TAB. 2.3 – Nombre de séries de simulations appartenant au groupe A ("mixed mode") et au groupe B (séparation des deux modes pour les fortes valeurs de BV/TV) pour les 3 directions de propagation perpendiculaires en fonction de l'orientation de l'ATP. Le nombre de séries de simulations pour lesquels l'ATP est parallèle à la direction de propagation est inscrit en italique.

Le Tableau 2.3 montre le nombre de séries de simulations appartenant aux groupes A et

B pour chaque direction de propagation. Dans la direction Z, une configuration "mixed mode" est observée dans la majorité des cas, ce qui n'est pas le cas pour les directions X et Y. Le Tableau 2.3 montre aussi le nombre de séries de simulations appartenant à chaque groupe pour lesquels l'ATP est parallèle à la direction de propagation. Les résultats montrent que la séparation des deux modes est plus fréquente lorsque l'ATP est parallèle à la direction de propagation.

Effet du degré d'anisotropie

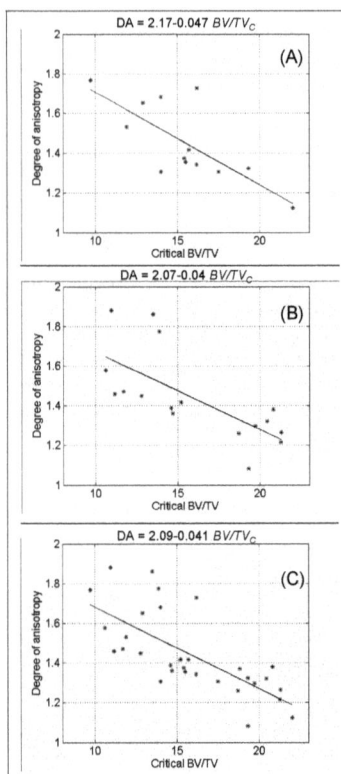

FIG. 2.13 – Variation du degré d'anisotropie en fonction du BV/TV_c (BV/TV à partir duquel les deux ondes commencent à se séparer) pour les séries de simulations du groupe B pour lesquelles la direction de propagation est parallèle à l'ATP. a) Résultats pour la direction de propagation X, b) pour la direction de propagation Y, c) les deux directions ensemble. Les équations en haut de chaque Figure correspondent au fit linéaire obtenu.

Pour les directions X et Y, la valeur moyenne du DA est inférieure pour les séries de simulations du groupe A par rapport à celles du groupe B (données non montrées), ce qui suggère que la séparation temporelle est déterminée non seulement par l'orientation relative de l'ATP par rapport à l'axe du faisceau, mais également par la valeur du DA. Afin de mieux comprendre ces conditions, la relation entre le DA et BV/TV_c pour les échantillons du groupe B est montrée dans la Fig. 2.13. Pour les directions X et Y, BV/TV_c diminue lorsque le DA augmente, ce qui montre le couplage entre l'anisotropie structurale et la possibilité d'observer les deux ondes. Lorsque l'ATP est aligné avec la direction de propagation, la séparation des deux ondes se produit pour des échantillons ayant des valeurs de BV/TV et de DA assez élevés, une relation existant entre ces deux valeurs minimales. La possibilité d'observer les deux ondes exige trois conditions qui doivent être remplies simultanément :
- La propagation doit s'effectuer dans la direction de l'ATP,
- Le DA doit avoir une valeur suffisante,
- Le BV/TV doit avoir une valeur suffisante, qui dépend du DA.

Discussion

Actuellement, la plupart des techniques de transmission transverse sont basées sur l'hypothèse qu'une seule onde se propage dans l'os trabéculaire. Lorsque ce n'est pas le cas, l'estimation des paramètres acoustiques classiques peut être compromise. Un résultat important de cette étude est que lorsque la direction de propagation est perpendiculaire à l'orientation des travées, le signal transmis est constitué d'une seule composante. La direction clinique d'intérêt est perpendiculaire à l'ATP au fémur et au calcanéum donc les mesures d'atténuation et de vitesse ne devraient donc pas être compromises en clinique à ces sites par la présence de ces deux types d'onde. Cependant, ce n'est pas le cas du poignet, ce qui a permis à une équipe Japonaise [92] de développer un dispositif ultrasonore basé sur la mesure *in vivo* des propriétés de ces deux ondes afin d'estimer la résistance osseuse. Des travaux expérimentaux [93, 94, 95] ont permis de préciser les résultats trouvés dans cette étude.

Dans le paragraphe suivant, nous mettons en oeuvre les potentialités de l'outil de simulation numérique afin de mieux comprendre les déterminants physiques de la propagation ultrasonore dans des agents de contrastes ultrasonores, ce qui montre les potentialités de l'approche mis en oeuvre dans le cadre de l'os.

2.2.7 Simulation numérique de la propagation acoustique dans des produits de contraste à usage thérapeutique

Publication associée :
- Galaz, B., Haïat, G., Berti, R., Taulier, N., Amman, J.J., Urbach, W., "Numerical simulation of wave propagation in a solution ultrasound contrast agent solution", **soumis** à *Langmuir*.

Ce travail a été effectué en collaboration avec le laboratoire d'Imagerie Paramétrique dans le cadre de la thèse de doctorat de Belfor Galaz que j'ai encadré (directeur de thèse : Wladimir Urbach).

Introduction

Les agents de contraste ultrasonore (ACU) sont utilisés à haute fréquence [96, 97] (entre 20 et 50 MHz) pour des applications dans le cadre de la bio-microscopie (exemple : diagnostique de maladies ophtalmiques, imagerie du petite animal [98, 99]). En particulier, des particules revêtues constituées d'une capsule solide de polymère (PLGA) avec un centre liquide (PFOB) sont actuellement mises au point pour des applications thérapeutiques (délivrance de médicaments [100] ou transfert de gène). Différents modèles analytiques (par exemple utilisant l'équation de Rayleigh-Plesset [101]) ont été développés pour des particules isolées mais peuvent se révéler insuffisants car des phénomènes de diffusion multiple ont été récemment mis en évidence dans ces milieux [102, 103]. Une meilleure compréhension du comportement acoustique à haute fréquence de ce milieu complexe diffusant pourrait aider au développement et à la conception d'ACU adaptés.

L'objectif de cette étude est d'étudier la propagation d'onde à haute fréquence dans des suspensions d'UCA et de déterminer les déterminants physiques de leur réponse ultrasonore. Spécifiquement, nous souhaitons étudier la sensibilité des paramètres ultrasonores à des changements contrôlés des propriétés de suspensions d'UCA.

Simulation de la propagation ultrasonore

Notre approche consiste à mettre en oeuvre des outils de simulation numérique 2-D (FDTD) par la mise en oeuvre du même logiciel que celui utilisé aux paragraphes précédents (2.2.4, 2.2.5 et 2.2.6) et qui permet de calculer la réponse en transmission (vitesse, atténuation) et en rétrodiffusion de différentes suspension d'ACU. La Figure 2.14 illustre l'approche mis en oeuvre dans cette étude et montre une partie du domaine de simulation (taille du pixel : 0.25 μm), dont la taille totale est un rectangle de 0.5 x 1 mm. Une procédure itérative probabiliste a été utilisée afin de construire ce domaine en insérant N particules identiques dans le domaine (diamètre des particules égale à 6 μm). Les paramètres dont les variations on été étudiées sont la concentration (C) et les propriétés mécaniques du PLGA (C_{11} et C_{44}). Pour chaque ensemble de paramètre, 15 simulations ont été effectuées avec différentes distributions de particules (afin d'atteindre la convergence des résultats) et les paramètres ultrasonores ont été calculés pour chaque simulation.

Afin de valider notre approche, les calculs ont été comparés à des résultats expérimentaux obtenus avec une suspension de sphères de polystyrène à différentes concentrations (voir Fig. 2.15). Un bon accord entre les résultats expérimentaux et simulés est obtenu.

Resultats et discussion

La Figure 2.16 montre les variations des trois paramètres ultrasonores d'intérêt en fonction de la concentration et les variations de vitesse prédites par un modèle de milieu effectif [104]. Le tableau 2.4 montre les variations des paramètres ultrasonores en fonction des changements des propriétés matérielles du PLGA.

Le modèle de milieu effectif est capable de prendre en compte les grandes tendances des variations de la vitesse en fonction de C ce qui constitue une validation supplémentaire

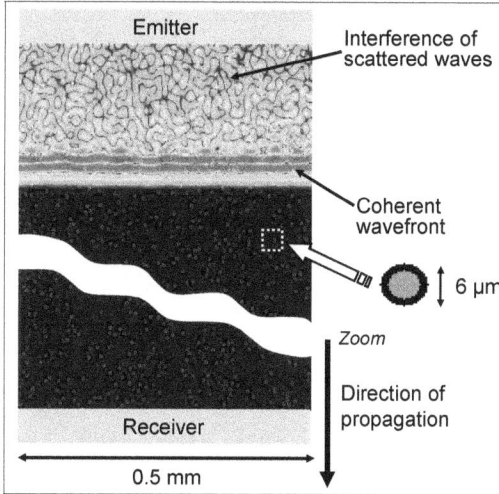

FIG. 2.14 – Image illustrant la simulation de la propagation ultrasonore dans une solution d'UCA. En haut de la Figure, l'amplitude du déplacement en fonction de la position à un temps donné est montrée en haut de la Figure. Le front d'onde cohérent peut être distingué en dessous du champ complexe correspondant à l'interférence des ondes diffusées par les particules. Dans la partie basse de la figure, la distribution aléatoire des particules est montrée. Sur la droite, une particule isolée est montrée et les pixels noirs et gris correspondent respectivement au PLGA (élastique) et au PFOB (liquide).

Propriété matérielle du PLGA (mm)	Référence	$V_L = +10\%$	$V_T = +10\%$
SOS (m/s)	1432 ± 0.12	1438 ± 0.1	1435 ± 0.1
Atténuation (dB/cm)	75.8 ± 3.4	54.9 ± 3	99.5 ± 3.1
IRR	(dB)-22.2 ± 5.5	-21.5 ± 5.5	-22.1 ± 5.5

TAB. 2.4 – Variation des paramètres ultrasonores imposée par des changements de propriétés matérielles de la coque en PLGA.

du modèle numérique. La forte dépendance des paramètres ultrasonores en fonction de la vitesse transverse du PLGA montre l'importance des phénomènes de conversion de mode dans la capsule. De plus, l'atténuation est ici seulement due aux phénomènes de diffusion car l'absorption visqueuse est négligée. L'atténuation et l'intensité rétrodiffusée relative augmentent plus vite en fonction de la concentration pour des faibles valeurs de concentration que pour des fortes valeurs, ce qui peut être du à des phénomènes de diffusion multiple.

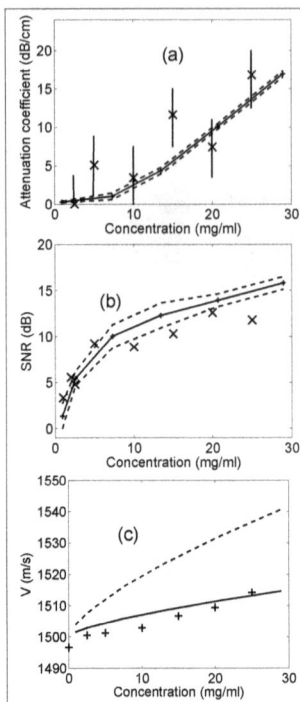

FIG. 2.15 – (a) Coefficient d'atténuation moyen, (b) vitesse et (c) intensité rétrodiffusée relative en fonction de la concentration de microsphères de polystyrène. Les lignes noires pleines correspondent aux résultats numériques. Les deux lignes pointillées dans (a) et (b) indiquent la somme (respectivement la différence) de la moyenne et de la déviation standard de chaque quantité. La ligne pointillée dans (c) indique les résultats obtenus avec un modèle de milieu effectif. Les croix correspondent aux résultats expérimentaux.

Conclusions

La conception d'ACU est difficile car la prédiction des propriétés physiques adaptée à une optimisation de leur utilisation n'est pas aisée du fait d'un manque de modèle analytique universel capable de prédire leur comportement acoustique. L'avantage des simulations numériques réside dans leur capacité à fournir une estimation raisonnable des propriétés ultrasonores d'ACU à partir de leurs propriétés physico-chimiques. Cependant, le code de simulation utilisé ne prend pas en compte ni les comportements ultrasonores non-linéaires [97, 105], ni les effets d'absorption visqueuse [106, 107], ces deux phénomènes jouant un rôle important dans la propagation ultrasonore dans ce

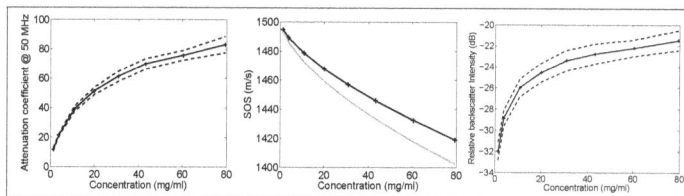

FIG. 2.16 – (a) Coefficient d'attenuation moyen, (b) vitesse et (c) intensité rétrodiffusée relative en fonction de la concentration d'ACU revêtus. Les lignes noires pleines correspondent aux résultats numériques. Les deux lignes pointillées dans (a) et (b) indiquent la somme (respectivement la différence) de la moyenne et de la déviation standard de chaque quantité. La ligne grise dans (c) indique les résultats obtenus avec un modèle de milieu effectif.

milieu complexe.

L'approche mise en oeuvre jusqu'à présent pour comprendre l'interaction entre l'os et les ultrasons, qui consistait en l'utilisation d'outils de simulation numérique FDTD couplés à l'imagerie, comporte un certain nombre de limitations. Premièrement, la moelle osseuse ainsi que le tissu osseux composant l'os trabéculaire sont des milieux viscoélastiques, à l'image de l'ensemble des tissus biologiques. Les phénomènes d'absorption visqueuse dans le volume des matériaux ainsi qu'à l'interface entre les milieux ne sont actuellement pas pris en compte par le code de simulation. Deuxièmement, il n'est pas possible de mettre en évidence les phénomènes de diffusion multiple, même s'ils sont pris en compte dans la simulation. Troisièmement, cette approche comporte d'importantes limitations dues à des temps de calcul importants dans le cas de grandes zones de calcul. Afin de prendre en compte ces limitations, une approche complémentaire mettant en oeuvre des techniques d'homogénéisation prenant en compte le couplage des phénomènes d'absorption avec la diffusion multiple dans l'os trabéculaire ont été mises en oeuvre. Ces modèles peuvent permettre en particulier de passer d'une description de l'échelle microscopique à l'échelle macroscopique (quelques centimètres) ce qui peut se révéler utile dans l'optique de déterminer les propriétés acoustiques de l'os trabéculaire pour une modélisation à l'échelle de l'organe. A l'échelle du volume élémentaire d'analyse, il est possible d'homogénéiser la structure. Les signaux ultrasonores sont donc potentiellement porteurs d'informations sur la structure homogénéisée. Pour extraire ces informations des signaux mesurés, la méthodologie qui nous est apparue comme étant la plus pertinente consiste à mettre au point des modèles de propagation à partir desquels nous pourrons par la suite inverser les données expérimentales.

2.2.8 Modèle d'homogénéisation de l'os trabéculaire

Publication associée :
– Haïat, G., Lhémery, A., Renaud, F., Padilla, F., Laugier, P. and Naili, S., "Modeling the frequency dependence of phase velocity in trabecular bone : influence of multiple scattering and of absorption", **sous presse** à *J Acoust Soc Am*

Ce travail a fait l'objet d'une collaboration avec le laboratoire d'imagerie paramétrique et avec le CEA-Saclay. Il a fait l'objet du stage de master recherche de Franck Renaud que j'ai encadré.

Introduction

L'os trabéculaire est un milieu dans lequel des valeurs négatives de dispersion ont été mesurées (dispersion "anormale" [91]) *in vitro* [36, 35, 34, 50, 33] et plus récemment *in vivo* [108], ces phénomènes restant largement mal compris. Comme nous l'avons vu dans la section 2.2.3, la dispersion est un paramètre ultrasonore qui influence les différentes mesures de vitesse ultrasonore effectuées en clinique et au laboratoire. C'est la raison pour laquelle il est important de mieux comprendre les déterminants physiques de la dispersion de vitesse ultrasonore.

Parmi les modèles développés pour mieux comprendre la propagation ultrasonore, on compte des modèles considérant une diffusion simple [109, 110, 111, 112] ou multiple [113, 114] de l'onde sur les travées osseuses. Cependant, bien que la diffusion multiple joue un rôle dans la propagation ultrasonore dans l'os trabéculaire autour de 3.5 MHz [115], les théories prenant en compte la diffusion multiple n'ont pas encore été mises en oeuvre afin de mieux comprendre les valeurs de dispersion mesurées dans l'os trabéculaire.

Modèle

Dans ce modèle 2-D, l'os trabéculaire est modélisé comme un matériau composite composé de cylindres identiques infinis dont l'axe est perpendiculaire au plan d'incidence de l'onde ultrasonore considérée comme plane et monochromatique. De plus, une répartition aléatoire des cylindres dans ce plan est considérée. Le modèle prend en compte le couplage des modes longitudinal (L) et transverse verticale (SV) de l'onde ultrasonore, comme montré dans la Fig. 2.17. La microarchitecture est décrite simplement par deux paramètres : le rayon des diffuseurs a et la fraction volumique (BV/TV). Ce modèle est basé sur le modèle développé par Yang et Mal [116] développé initialement dans le contexte de matériaux composites (matrice d'époxy renforcé par des fibres de carbone) et a été amélioré afin de prendre en compte l'influence de l'absorption visqueuse. Les trois phases du modèle sont considérées comme viscoélastiques. La viscoélasticité est prise en compte en utilisant des valeurs issues de la littérature pour la dépendance fréquentielle (linéaire) du coefficient d'atténuation pour chaque milieu et chaque mode de propagation. Les relations locales de Kramers-Kronig sont utilisées afin de déterminer la dépendance fréquentielle (logarithmique) de la vitesse de phase à entrer en paramètre du modèle. La matrice correspond à un solide mou pour lequel la vitesse transverse est négligeable devant la vitesse longitudinale. Ce modèle auto-consistant prend en compte les 4 équations de continuité aux deux interfaces du problème ainsi que les 2 équations issues de la diffusion multiple. Il est résolu de manière itérative.

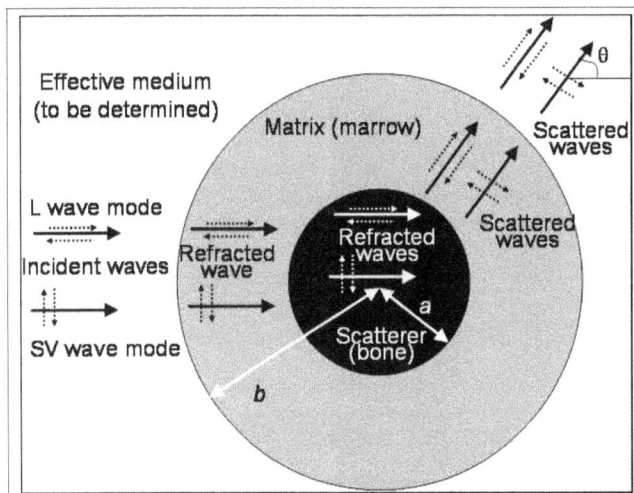

FIG. 2.17 – Description du modèle à trois phases représentant le diffuseur (correspondant à une travée de rayon a), la matrice (eau ou moelle) et le milieu effectif (inconnue du problème).

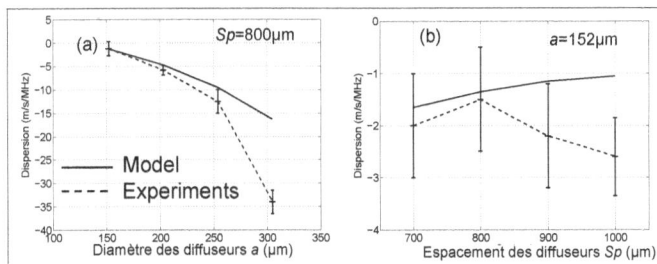

FIG. 2.18 – Comparaison entre les valeurs de dispersion autour de 600 kHz entre le modèle et les expériences effectuées par Wear [117] en fonction de a) le diamètre des diffuseurs, l'espacement entre les diffuseurs étant de 800 μm et b) l'espacement entre les diffuseurs, le diamètre des diffuseurs étant de 152 μm. Les lignes pleines et pointillées correspondent respectivement aux résultats obtenus avec le modèle et expérimentalement. Les propriétés viscoélastiques du nylon ont été prises en compte.

Validation sur des phantômes d'os trabéculaire

Les résultats obtenus avec le modèle sont comparés aux résultats expérimentaux obtenus par Wear [117] avec plusieurs fantômes d'os trabéculaire constitués de fils de nylon (voir

Fig. 2.18). Un bon accord entre les valeurs de dispersion simulées et expérimentales est observé, sauf pour des valeurs élevées de BV/TV, ce qui peut s'expliquer par le fait que les fils de nylon des fantômes de Wear sont distribués régulièrement, alors que notre modèle considère une distribution aléatoire.

Application à l'os trabéculaire

D'un point de vue qualitatif, en prenant en compte des paramètres correspondant à la plupart des expériences menées *in vitro* (respectivement *in vivo*) où la matrice correspond à de l'eau (respectivement de la moelle), les valeurs de dispersion correspondant à la gamme physiologique sont comprises entre -38 et 1.3 m/s/MHz (respectivement -33.5 et 5.8 m/s/MHz). Ces résultats sont en bon accord avec les expériences réalisées par d'autres auteurs [36, 35, 34, 50, 33, 108].

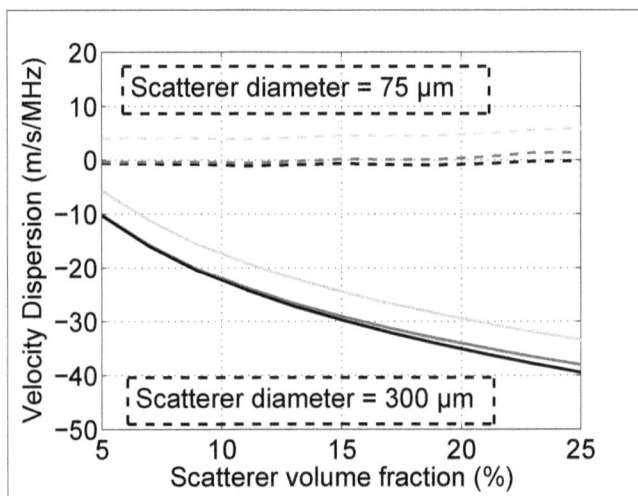

FIG. 2.19 – Variations de la dispersion de vitesse autour de 600 kHz en fonction du BV/TV prédit par le modèle. Les lignes pleines et pointillées correspondent respectivement aux résultats obtenus avec des diamètres de diffuseur de 300 et 75 μm. Les lignes noires correspondent aux résultats obtenus en négligeant tous les effets viscoélastiques ; les lignes grises foncées (respectivement claires) correspondent aux résultats obtenus en considérant les effets viscoélastiques dans les diffuseurs seulement (respectivement dans les diffuseurs et dans la matrice).

D'un point de vue quantitatif, la Fig. 2.19 montre les résultats prédits par le modèle en fonction du rayon des diffuseur et du BV/TV. Lorsque les phénomènes d'absorption sont négligés (courbes noires), la dispersion est toujours négative, ce qui est cohérent avec les prédictions des modèles prenant en compte la diffusion multiple. Prendre en compte l'absorption dans les travées engendre une augmentation de la dispersion qui est une fonction croissante du BV/TV. La prise en compte de l'absorption dans la moelle engendre une augmentation de la dispersion qui ne dépend pas du BV/TV. De plus, la dispersion est une fonction décroissante du rayon du diffuseur a, ce qui peut s'expliquer par l'augmentation de la section efficace de diffusion, menant à un diminution de la dispersion. Lorsque l'on prend en compte l'absorption, des valeurs faibles (respectivement fortes) de a donnent une valeur positive (respectivement négative) de la dispersion. Expérimentalement, la plupart des mesures de dispersion sont négatives, ce qui semble indiquer que la contribution des phénomènes de diffusion semble être plus importante que celle des phénomènes d'absorption visqueuse.

Le chapitre suivant est consacré à l'étude de l'os cortical dont les caractéristiques, ainsi que les moyens d'étude sont assez différents de ceux de l'os trabéculaire.

2.3 Méthodes dédiées à l'os cortical

2.3.1 Introduction

L'os cortical est une structure compacte qui représente environ 80 % de la masse osseuse totale. Sa fonction est notamment biomécanique puisqu'il supporte la majeure partie du chargement mécanique [118]. Il joue également un rôle de protection de la moelle osseuse et de certains organes. L'enveloppe externe (respectivement interne) de l'os cortical est appelée périoste (respectivement endoste). On distingue trois sortes de microstructures corticales : la microstructure Haversienne, qui est constituée d'ostéons d'environ 150 à 250 μm de diamètre chez l'humain et la microstructure plexiforme, qui est constituée de fines couches d'os lamellaire empilées à la manière du contreplaqué pour former des coques d'environ 150 à 300 μm d'épaisseur [119]. La microstructure porotique correspond à une trabécularisation de l'os cortical (porosité de l'ordre de 15 %.

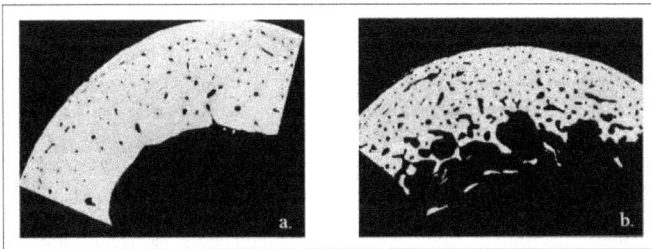

FIG. 2.20 – Conséquence du vieillissement et de l'atteinte ostéoporotique sur l'os cortical. (a) Femme de 55 ans ans. (b) Femme de 90 ans. (Image tirée de [12]).

La perte osseuse dans l'os cortical commence à la surface endostéale et induit une trabécularisation du cortex comme cela peut être observé sur la Fig. 2.20. Il s'ensuit une réduction de l'épaisseur corticale ainsi qu'une extension de la cavité médullaire [120].

Conjointement à la perte osseuse qui touche la microstructure, une détérioration de la qualité osseuse survient avec l'âge. Le terme de qualité osseuse recouvre les propriétés qui conditionnent la résistance mécanique de l'os. Ces propriétés concernent à la fois la structure osseuse (micro et macro-architecture) et les propriétés du tissu osseux (propriétés élastiques, propriétés du minéral, du collagène, micro-endommagement, etc.).

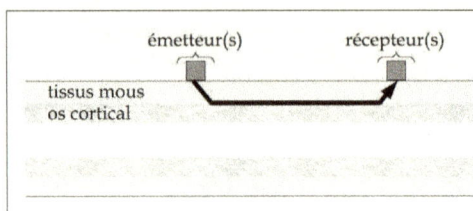

FIG. 2.21 – Principe schématique de la transmission axiale. La flèche indique le sens de propagation des ondes se propageant en transmission axiale.

Parmi les différentes techniques qui ont émergé pour l'évaluation ultrasonore de l'os cortical et la prédiction du risque de fracture [121, 122], les techniques de transmission axiale sont dédiées à l'évaluation de l'os cortical. Ces dispositifs sont dénommés ainsi car le ou les émetteur(s) et le ou les récepteur(s) sont disposés en ligne sur le même côté du site osseux à évaluer (voir Fig. 2.21). Le paramètre mesuré actuellement par les différents dispositifs est la vitesse d'une onde se propageant dans le cortex. Dans le contexte de l'étude de l'ostéoporose, des études expérimentales [123, 124, 125] et par la simulation [54, 126] ont démontré que la vitesse de propagation associée avec le premier signal (first arriving signal, FAS) est reliée à la BMD, à l'épaisseur du cortex et aux propriétés élastiques de l'os. La vitesse du FAS est maintenant considérée comme un indicateur pertinent des propriétés de l'os [127, 128, 129].

L'objectif des travaux décrits dans ce chapitre est de mieux comprendre l'interaction entre une onde ultrasonore et ce milieu complexe afin d'améliorer les outils de caractérisation ultrasonore existants. Pour ce faire, nous allons commencer par nous intéresser à une étude *in vitro* effectuée sur des échantillons d'os cortical bovin et visant à estimer les propriétés acoustiques (et en particulier l'atténuation et la vitesse) de ce milieu complexe (voir section 2.3.2). La deuxième partie (voir section 2.3.3) porte sur une amélioration des techniques de traitement du signal utilisées dans le cadre des méthodes de transmission axiale. Les deux dernières parties portent sur le développement de différents outils de simulation numérique par éléments finis visant à mieux comprendre la physique de la propagation ultrasonore à l'échelle de l'organe.

2.3.2 Evaluation ultrasonore de l'os cortical bovin : une approche expérimentale

Publications associées :
– Sasso M., Haiat G., Yamato Y., Naili S., Matsukawa M., "Frequency dependence of ultrasonic attenuation in bovine cortical bone : an *in vitro* study", *Ultrasound. Med.*

Biol. **33**(12) (2007), pp 1933-42.
- Sasso M., Haiat G., Yamato Y., Naili S., Matsukawa M., "Dependence of ultrasonic attenuation to bone mass and microstructure in bovine cortical bone", *J. Biomech.* **41**(2) (2008) pp 347-55.
- Haïat, G., Sasso, M., Naili, S., Matsukawa M., "Ultrasonic velocity dispersion in bovine cortical bone : an experimental study", **sous presse** à *J. Acoust. Soc. Am.*

Ce travail a été réalisé en collaboration avec Mami Matsukawa, de l'université de Do-shisha au Japon, dans le cadre de la thèse de Magali Sasso que j'ai encadrée (directeur de thèse Salah Naili). Il a aussi en partie fait l'objet du stage de Chakib Djeddou que j'ai encadré.

Contexte

L'interaction entre les ultrasons et l'os cortical reste mal comprise du fait de la nature complexe de l'os qui est un milieu viscoélastique, dispersif et poreux et qui possède une microstructure multiéchelle. Peu d'études ont porté sur l'étude de la dépendance fréquentielle de l'atténuation et de la vitesse de phase. Nous avons choisi de travailler autour de 4 MHz car cela permet d'obtenir des longueurs d'onde autour du millimètre, de l'ordre de grandeur de la taille moyenne des principales structures (ostéons, lamelles). L'étude de l'atténuation est d'intérêt car ce paramètre pourrait éventuellement être uti-lisé dans le futur en clinique. De plus, la dispersion est un paramètre important car il affecte l'ensemble des mesures de vitesses (voir section 2.2.3).

L'objectif de cette étude est d'évaluer la dépendance fréquentielle du coefficient d'atténuation et de la vitesse de phase dans l'os cortical bovin. Nous souhaitons démontrer la fai-sabilité de ces mesures autour de 4 MHz. De plus, cette étude vise à déterminer la dépendance du BUA et de la dispersion en fonction de la position anatomique, de la direction de propagation, de la microstructure osseuse et de la BMD.

Matériel et méthodes

Des échantillons d'os cortical de forme parallélépipédique ont été découpés dans 3 fémurs bovins et analysés en utilisant une approche multimodale (voir Fig. 2.22).

Pour chaque échantillon, la BMD a été mesurée en utilisant un dispositif de DXA. Une analyse par microscopie optique a été effectuée afin de mesures la microstructure de chaque échantillon, qui a été classifiée en quatre structures : plexiforme (pores de 8 à 12 μm), Haversien (pores de 20 à 50 μm), porotic (pores de 50 et 300 μm) et mixte (combinaison des 3 autres).

Les échantillons ont été mesurés à l'aide d'un dispositif en transmission transverse composé d'une paire de traducteurs large bande polyvinylidene fluoride (PVDF) plans de 8 mm de diamètre. Chaque échantillon a été mesuré dans les trois directions per-pendiculaires (axiale, radiale et tangentielle). La variation fréquentielle du coefficient d'atténuation (respectivement de la vitesse de phase) a été évaluée en prenant en compte [33] l'effet des pertes par transmission aux interfaces (respectivement l'effet de la dif-fraction).

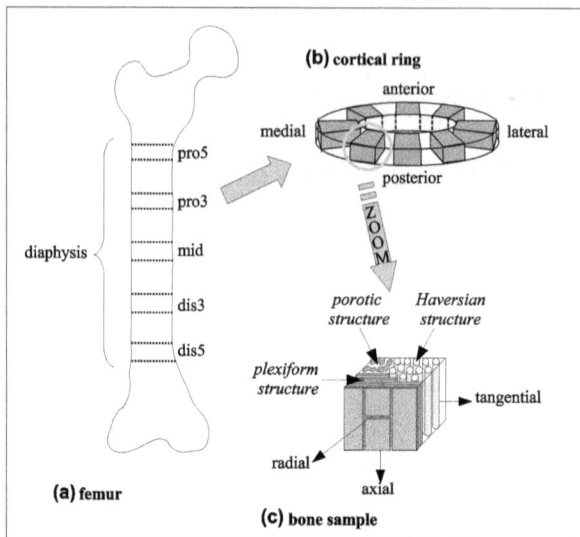

FIG. 2.22 – Représentation de la distribution spatiale des échantillons et des différentes microstructures.

Etude de l'atténuation ultrasonore

La reproductibilité des mesures de BUA est donnée par la valeur standardisée du coefficient de variation obtenu pour 4 mesures (11%) qui est inférieure à la variabilité inter-individuelle (22%), ce qui montre l'intérêt de la technique. Malgré une variation légèrement non-linéaire sur l'ensemble de la bande passante, le coefficient d'atténuation varie quasi-linéairement en fonction de la fréquence dans une bande passante de 1 MHz autour de 4 MHz, ce qui permet un calcul du BUA dans cette bande passante.

Paramètre	Moyenne	Déviation standard	Minimum	Maximum
BUA axial (dB/MHz/cm)	3.2	2	0.8	10.6
BUA radial (dB/MHz/cm)	4.2	2.4	1.7	12.8
BUA tangentiel (dB/MHz/cm)	4.4	2.9	1.5	16.6
Dispersion axiale (m/s/MHz)	8	6.3	-3.3	45.5
Dispersion radiale (m/s/MHz)	6.9	5.3	0.7	25
Dispersion tangentielle (m/s/MHz)	6.3	9.2	-21	42

TAB. 2.5 – Valeurs de BUA et de dispersion trouvées pour les différentes directions anatomiques.

Les valeurs de BUA obtenues sont indiquées dans le Tableau 2.5 pour les trois directions

de propagation. Un test ANOVA révèle un effet significatif de la direction ($p < 0.002$).
Une analyse de comparaison multiple de Tuckey-Kramer révèle une différence significative entre les directions axiale et radiale et entre les directions axiale et tangentielle, mais pas entre les directions radiale et tangentielle.

Un test ANOVA montre que les variations de BUA en fonction de la position le long et autour de l'axe de l'os sont significatives ($p < 0.005$). Les valeurs de BUA les plus élevées sont obtenues dans la partie distale et postero-lateral et les plus faibles dans la partie centro-proximale et antero-medial.

Pour les trois directions, les valeurs de BUA sont les plus basses dans les microstructures plexiformes ; les valeurs de BUA sont supérieures dans les microstructures Haversiennes que dans les microstructures plexiformes et sont les plus élevées dans les microstructures porotiques. De plus, la BMD évolue dans le sens opposé au BUA.

La Figure 2.23 montre la variation des valeurs axiales de BUA en fonction de la BMD. Le BUA axial est significativement corrélé avec la BMD ($r^2 = 0.44$, RMSE = 1.5 dB/MHz/cm, $p < 10^{-5}$) et dans les autres directions (données non montrées).

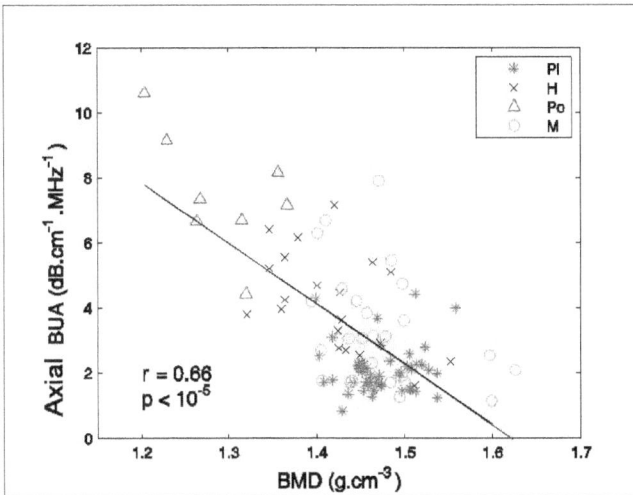

FIG. 2.23 – Variation du BUA en fonction de la densité minérale osseuse pour la direction axiale pour les différentes microstructures (Pl : plexiforme, H : Haversien, Po : Porotic, M : Mixte).

Les valeurs de BUA montrées dans le Tableau 2.5 sont comparables avec les valeurs trouvées à différentes fréquences dans la littérature [130, 131, 132, 133, 134], mais cette étude est la première portant sur une cohorte importante. Les résultats portant la dépendance du BUA en fonction de la position anatomique et de la microstructure sont similaires à ceux trouvés dans une étude précédente [135] réalisée sur les mêmes échantillons et portant sur la vitesse ultrasonore.

Les effets de diffusion peuvent constituer une explication à la dépendance du BUA en

fonction des propriétés osseuses, mais la viscoélasticité de l'os est également susceptible de contribuer aux valeurs de BUA, notamment pour les échantillons de structure
plexiforme. Une perspective intéressante de ce travail peut être constituée par l'étude
de l'effet de l'orientation des cristaux d'hydroxyapatite dont l'effet sur la vitesse a été
mis en évidence récemment [136, 137].

Etude de la dispersion de vitesse

La valeur moyenne du coefficient de variation indiquant la reproductibilité des mesures
est de 1 m/s/MHz. Malgré une variation légèrement non-linéaire sur l'ensemble de la
bande passante, la vitesse de phase varie quasi-linéairement en fonction de la fréquence
dans une bande passante de 1 MHz autour de 4 MHz. Les valeurs de dispersion obtenues
sont indiquées dans le Tableau 2.5 pour les trois directions de propagation. Un test
ANOVA révèle qu'il n'y a pas d'effet significatif de la direction sur la dispersion.
Un test ANOVA ($p < 0.05$) montre que les variations de la dispersion en fonction de la
position le long et autour de l'axe de l'os sont significatives. La distribution anatomique
des valeurs de dispersion est comparable à celle du BUA. La Figure 2.24 montre la
variation des valeurs axiales de dispersion en fonction de la BMD. La dispersion est
significativement corrélée avec la BMD ($r^2 = 0.4$, RMSE = 3.3 m/s/MHz, $p < 10^{-5}$).

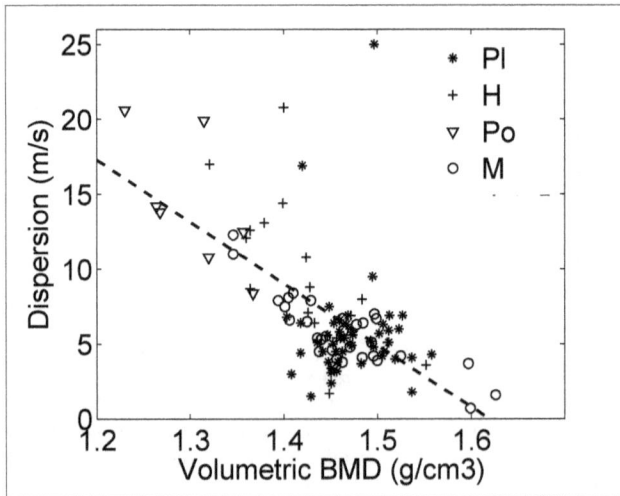

FIG. 2.24 – Variation de la dispersion en fonction de la densité minérale
osseuse pour la direction axiale et pour les différentes microstructures (Pl :
plexiforme, H : Haversien, Po : Porotic, M : Mixte).

Des valeurs négatives de dispersion ont été mesurées pour 9 échantillons et directions,
ce qui constitue une nouveauté. Sur les 9 valeurs négatives, 8 ont été obtenues pour
des microstructures mixtes et 8 ont été obtenues dans la direction tangentielle contre
une seule dans la direction axiale. Deux explications peuvent être avancées pour com-

prendre des valeurs "anormales" de dispersion. Premièrement, comme on l'a vu dans la section 2.2.8, les phénomènes de diffusion multiple sont susceptibles d'expliquer les valeurs négatives de dispersion. Cependant, les valeurs de dispersion négative ne sont jamais observées pour la direction axiale, ce qui semble contredire cette explication. Deuxièmement, le fait que les valeurs de dispersion négatives sont presque toute obtenues pour des échantillons de microstructure mixte (les vitesses de propagation sont différentes dans les microstructures composant la microstructure mixte [135]) peut entraîner des phénomènes d'interférences susceptibles d'expliquer les valeurs de dispersion négatives [91].

La Figure 2.25 montre la relation entre le BUA (voir paragraphe précédent) et la dispersion dans la direction axiale. Les différents symboles indiquent le type de microstructure. Pour la direction tangentielle indiquée par des triangles (pour laquelle la plupart des valeurs négatives de dispersion sont obtenues), aucune corrélation n'est obtenue entre le BUA et la dispersion, alors que dans la direction radiale (respectivement axiale), le BUA est corrélé avec la dispersion ($r^2 = 0.73$, respectivement $r^2 = 0.28$). La ligne pleine de La Fig. 2.25 montre les résultats prévus par les relations locales de Kramers-Kronig [47, 48] qui prédisent une pente de la dispersion en fonction du BUA plus importante que celle obtenue expérimentalement. Ces écarts peuvent être expliqués par le fait que nous travaillons dans une bande passante limités [138] et également par les interférences évoquées plus haut.

Après avoir menée à bien cette étude *in vitro*, nous nous sommes intéressé au dispositif de transmission axiale développé par le Laboratoire d'Imagerie Paramétrique en développant des techniques innovantes de traitement du signal.

2.3.3 Développement d'outils de traitement du signal pour la transmission axiale

Publication associée :
– Sasso M., Haiat G., Talmant M., Laugier P., Naili S., "Singular Value Decomposition-based algorithm for the axial transmission technique : application to cortical bone characterization", *IEEE Trans. Ultrason. Ferroelectr. Freq. Control.* **55**(6) (2008) pp 1328-1332.
Le travail décrit dans cette partie a été effectué en collaboration avec le Laboratoire d'Imagerie Paramétrique dans le cadre de la thèse de Magali Sasso que j'ai encadrée (directeur de thèse Salah Naili).

Introduction

Bien que tous les dispositifs de transmission axiale soient basés sur les mêmes principes de mesure, différentes ondes peuvent contribuer au signal mesuré. La plupart des dispositifs utilisent la vitesse du FAS [139, 128]. La possibilité de mesurer d'autres contributions que le FAS a été étudiée, suggérant que cette approche pourrait mener à des informations supplémentaires sur la qualité osseuse [140, 141]. En particulier, si d'autres modes de propagation sont correctement identifiés et extraits par des techniques appropriées d'analyse du signal, cela ouvrirait la voix vers une possible inversion

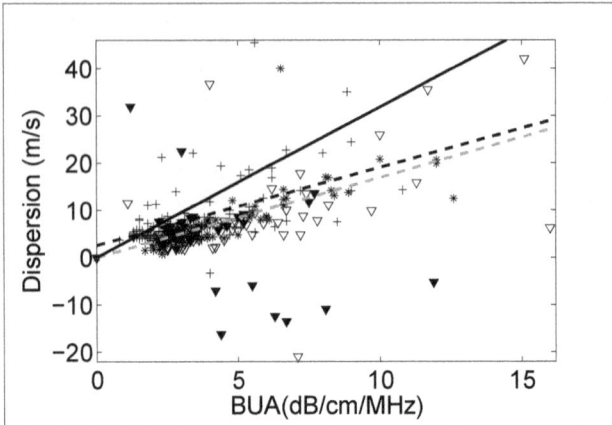

FIG. 2.25 – Dépendance des valeurs de dispersion en fonction du BUA va-
lues pour toutes les directions de propagation. Les croix correspondent à
la direction de propagation axiale et les étoiles à la direction radiale. Les
triangles pleins correspondent aux échantillons de microstructure mixte mesurés dans la direction tangentielle et les triangles vides correspondent aux
échantillons d'autre microstructure mesurés dans la direction tangentielle.
La ligne pleine montre les résultats obtenus en utilisant les relations locales
de Kramers-Kronig. La ligne pointillée noire (respectivement grise) montre
la regression linéaire entre la dispersion et le BUA obtenue dans la direction
radiale ($r^2 = 0.73$, $p < 10^{-5}$) (respectivement axiale ($r^2 = 0.73$, $p < 10^{-5}$)).
Aucune corrélation n'a été obtenue dans la direction tangentielle.

de données [142]. Cependant, la difficulté provient de la superposition de la contribution étudiée avec d'autres composantes du signal, menant à des interférences qui, mélées
avec le bruit, peuvent rendre difficile son extraction et son analyse. Des techniques so-
phistiquées de traitement du signal comme le filtrage de vitesse de groupe et l'analyse
par transformée de Fourier 2-D ont été récemment appliquées à des données issues de
la transmission axiale [143]. Cependant, ces techniques requièrent un échantillonnage
spatial suffisant le long de l'axe de l'os, ce qui n'est pas possible avec la sonde d'étude.
Notre objectif est de proposer un algorithme d'extraction d'onde basé sur des techniques
de traitement du signal alternative (décomposition en valeur singulière, SVD), issue de
développements réalisés en Géophysique [144]. L'intérêt de telles approches, par rapport
aux transformées de Fourier 2-D, réside dans le fait qu'elles peuvent être appliquées à
des acquisitions résultant d'un nombre limité de positions de récepteur.

Théorie

La Figure 2.26(a) montre un exemple représentatif de signaux *in vivo* obtenus avec la
sonde. L'objectif de la méthode développée ci-dessous est d'extraire et de caractériser
la contribution la plus énergétique arrivant après le premier signal (dénommée EFLC

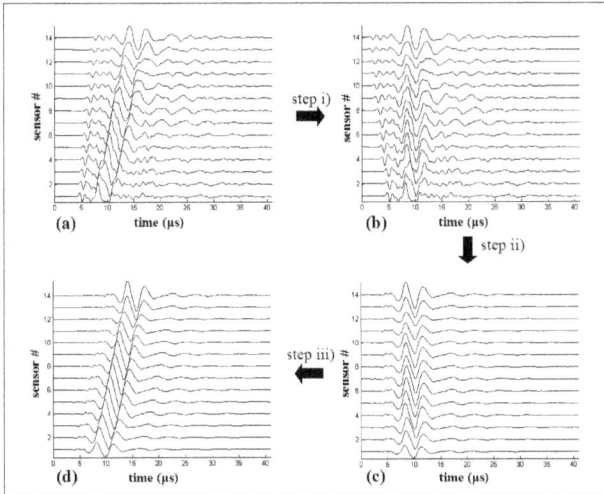

FIG. 2.26 – Schéma de fonctionnement de la méthode d'extraction.

pour energetic low frequency contribution). La méthode d'extraction développée se décompose en 4 phases successives. Premièrement, les 14 signaux expérimentaux sont synchronisés par rapport au maximum d'amplitude de la ELFC, le résultat étant montré dans la Fig. 2.26(b). Ensuite, une SVD est appliquée aux signaux synchronisés et seule la première valeur propre est considérée, le résultat étant montré dans la Fig. 2.26(c). Enfin, les retards pris en compte dans la phase de synchronisation sont réintroduits pour donner le signal extrait montré dans la Fig. 2.26(d).

Validation

Afin de valider cette procédure, un algorithme probabiliste dédié destiné à construire un ensemble de données simulées, a été mis au point. Les performances de la méthode d'extraction ont été évaluées en fonction du niveau de bruit (SNR) et du nombre d'interféreurs (N_{IW}), qui sont les deux principaux paramètres d'entrée de l'algorithme. Pour ce faire, une approche stochastique a été utilisée, après avoir vérifié la convergence de l'estimateur. La précision de la méthode a été comparée avec les résultats obtenus par une méthode classique de mesure de vitesse et une réduction significative de l'erreur et de la précision a été obtenue, comme le montre la Fig. 2.27 (valeurs positives). De plus, même si la précision et l'erreur relative dépend du SNR pour des faibles valeurs de bruit, cette dépendance est plus prononcée en fonction du nombre d'interféreur, ce qui prouve qu'il s'agit du facteur limitant.

Applications *in vivo*

La méthode a été appliquée à des signaux obtenus *in vitro* sur 41 radius humains et la vitesse associée à cette contribution est significativement corrélée avec l'épaisseur

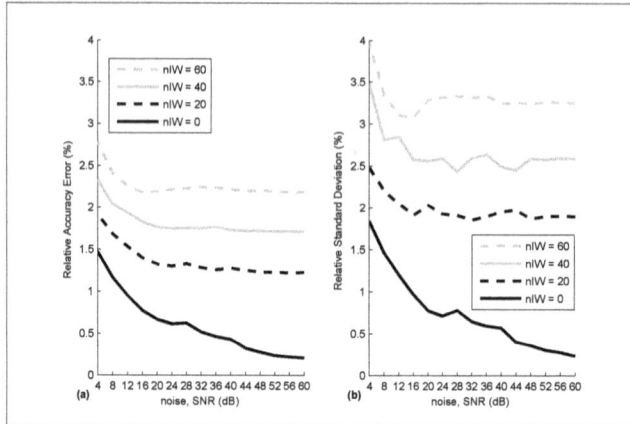

FIG. 2.27 – Performances de la méthode d'extraction. Variations de l'erreur relative (a) et de la précision relative (b) obtenues avec la méthode utilisant la SVD en fonction du rapport signal à bruit (SNR) pour différents nombres d'interféreurs (N_{IW}). La courbe noire pleine correspond à $N_{IW} = 0$, la courbe noire pointillée à $N_{IW} = 20$, la courbe pleine grise à $N_{IW} = 40$, la courbe grise pointillée à $N_{IW} = 60$.

corticale ($r^2 = 0.60$) qui joue un rôle important dans la tenue mécanique de l'os. Ces résultats suggèrent que la vitesse associée à la ELFC, utilisée en combinaison avec la vitesse du premier signal est une approche prometteuse pour l'évaluation de la solidité osseuse. Cependant, la nature physique correspondant à la ELFC reste inconnue et la technique d'extraction sera utilisée afin d'analyser sa nature physique et d'évaluer les potentialités de cette contribution à fournir des paramètres ultrasonores reliés aux propriétés osseuses. Pour ce faire, une approche intéressante consiste à mettre au point des outils de simulation numérique permettant de prendre en compte la propagation ultrasonore dans ce milieu complexe. C'est ce que nous allons aborder dans le chapitre suivant.

2.3.4 Développement de deux solveurs numériques complémentaires pour le dispositif de transmission axiale

Publication associée :
– Desceliers C., Soize C., Grimal Q., Haïat G., Naili S., "Three dimensional transient elastic waves in multilayer semi-infinite media solved by a time-space-spectral numerical method", *Wave Motion*. **45**(4) (2008) pp 383-399.
Ce travail a été réalisé dans le cadre du projet ANR "BoneChar" en collaboration avec le laboratoire de Mécanique de l'Université Paris-Est et le Laboratoire d'Imagerie Paramétrique. De plus, il a aussi en partie fait l'objet du stage de Nolwenn Gombault et du projet d'Aurélien Sénéchal que j'ai encadrés.

Deux outils de simulation numérique complémentaires mettant en oeuvre une modélisation bidimensionnelle par éléments finis de la technique de transmission axiale ont été développés. Pour ces deux modèles, l'os est modélisé par une couche de solide anisotrope entourée de deux milieux fluides semi-infinis, comme montré dans la Fig. 2.28.

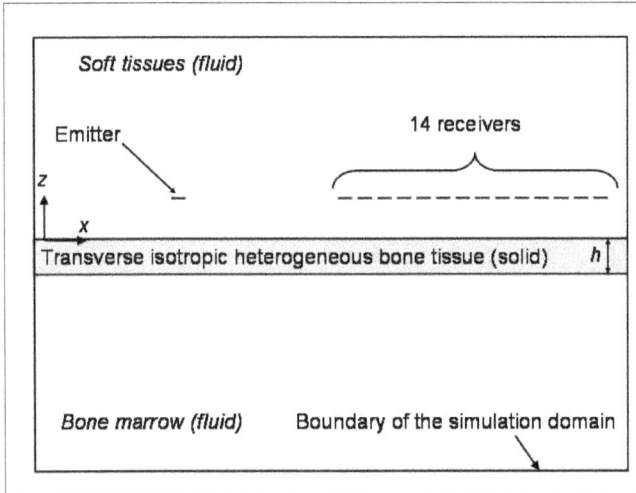

FIG. 2.28 – Représentation schématique du domaine de simulation correspondant au milieu à trois phases. L'émetteur et les recepteurs sont indiqués par des traits.

Ce multicouche est soumis à une excitation large bande de fréquence centrale égale à 1 MHz (similaire à celle exercée in vivo) exercée par une source linéaire située dans le fluide. Les deux méthodes visent à simuler la propagation d'ondes élastodynamiques en régime impulsionnel dans le multicouche. La formulation est originale car elle permet de décrire de manière exacte le couplage entre les fluides (tissus mous) et le solide et offre la possibilité d'être modifiée pour prendre en compte d'autres lois de comportement. La première méthode de résolution consiste en une méthode numérique hybride ayant un coût numérique faible par rapport à la plupart des méthodes disponibles. La méthode est basée sur une formulation dans le domaine temporel associée à une transformée de Fourier spatiale bidimensionnelle pour les variables associées aux deux dimensions infinies. La méthode utilise une approximation par éléments finis dans la direction perpendiculaire aux couches. Cette méthode a été développée principalement par le laboratoire de Mécanique et ne sera donc pas décrite en détail dans ce document.

La deuxième méthode est également basée sur une formulation dans le domaine temporel et prend en compte d'éventuelles hétérogénéités dans le solide anisotrope. La méthode utilise une approximation par éléments finis dans les deux directions. La formulation est donnée en pression dans les fluides et en déplacement dans le solide. Cette méthode a été utilisée dans la section suivante pour étudier l'effet d'un gradient de propriétés matérielles sur la réponse ultrasonore de l'os.

2.3.5 Effet d'un gradient de propriétés matérielles sur la réponse ultrasonore de l'os cortical

Publication associée :
- Sasso M., Haiat G., Talmant M., Laugier P., Naili S., "Singular Value Decomposition-based algorithm for the axial transmission technique : application to cortical bone characterization", *IEEE Trans. Ultrason. Ferroelectr. Freq. Control.* **55**(6) (2008) pp 1328-1332.

Le travail décrit dans cette partie a été effectué en collaboration avec le Laboratoire d'Imagerie Paramétrique et le laboratoire de mécanique dans le cadre du projet ANR BoneChar.

Introduction

A l'échelle de l'organe, la répartition spatiale de la porosité dans la direction radiale est hétérogène [145, 146] : la porosité moyenne dans la région endostéale est significativement plus importante que dans le périoste. De plus, l'os cortical subit une résorption liée à l'age et à l'otéoporose [75] plus importante dans l'endoste que dans le périoste. Cet augmentation de porosité est suscéptible d'impacter les propriétés matérielles [147], ce qui peut affecter la qualité osseuse [148].

En utilisant des outils de simulation numérique 2-D FDTD, Bossy et al. [149] ont montré que lorsque la longueur d'onde λ dans l'os est plus petite que l'épaisseur corticale h, le type d'onde correspondant à la contribution mesurée avec le FAS est une onde latérale, alors que lorsque $\lambda > \frac{h}{4}$, le type d'onde correspondant à la contribution mesurée avec le FAS vient du premier mode guidé de Lamb symétrique (S0). Bossy et al. [54] ont étudié l'influence d'un gradient de vitesse longitudinale du à une distribution hétérogène de porosité sur la vitesse du FAS à l'aide de calculs réalisés i) dans le cadre d'un comportement isotrope de l'os et ii) pour $h > \lambda$, où le FAS correspond à une onde latérale. Une meilleure compréhension de l'impact d'un gradient de propriétés matérielles dans le cadre d'un comportement anisotrope de l'os peut avoir d'importantes implications dans l'amélioration des dispositifs de transmission axiale.

L'objectif de ce travail est d'étudier l'effet d'un gradient de propriétés matérielles sur la réponse ultrasonore de l'os obtenue à l'aide d'un dispositif de transmission axial. L'os est modélisé comme un matériau anisotrope avec un gradient de propriété matérielle à l'échelle de l'organe dans la direction radiale. Pour ce faire, nous utiliserons l'outil de simulation par éléments finis 2-D décrit au paragraphe précédent.

Modélisation des propriétés osseuses

L'os est modélisé par un milieu isotrope transverse [150] ayant des propriétés matérielles variant dans la direction z (voir Fig. 2.28). Les effets d'absorption visqueuse sont négligés. La gamme de variation des propriétés matérielles a été obtenue à partir d'essais mécaniques réalisées par Dong et al. [150] sur des échantillons de 18 fémurs humains. De plus, nous avons également vérifié que les conditions de stabilité thermodynamique

sont respectées pour l'ensemble des calculs réalisés. Le Tableau 2.6 montre la gamme
de variation obtenue pour l'ensemble des propriétés matérielles jouant un rôle dans le
cadre de la propagation en 2-D.

Deux types (type 1 et 2) de variations affines ont été envisagés pour chaque propriété
matérielle S, comme l'illustre la Fig. 2.29 afin de prendre en compte différentes variations spatiales de S.

Propriété matérielle	C_{11} (GPa)	C_{12} (GPa)	C_{33} (GPa)	C_{55} (GPa)	ρ (g/cm^3)
Gamme physiologique	17.6 - 29.6	5.1 - *11.1*	*11.8*-25.9	3.3 -5.5	1.66-1.753

TAB. 2.6 – Gamme physiologique de variation des propriétés matérielles.
Les valeurs en italique correspondent à des conditions imposées par les
conditions de stabilité thermodynamique.

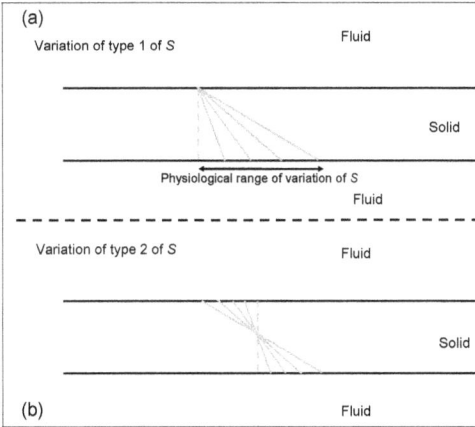

FIG. 2.29 – Représentation schématique des deux types de variation spatiale considérés pour la propriété matérielle S. Les lignes grises indiquent
la dépendance spatiale de S et la ligne pointillée indique une répartition
homogène de S. Les variations de type 1 montrées en (a) correspondent à
une valeur constante à l'interface os - tissus mous. Les variations de type
1 montrées en (a) correspondent à une valeur constante au milieu de la
couche solide.

Etude de sensibilité

Afin de déterminer quelles propriétés matérielles influent sur la réponse ultrasonore,
une étude de sensibilité a été menée en considérant les valeurs extrêmes de chaque
propriété matérielle dans leur gamme physiologique respective indiquée dans le Tableau

2.6. Ces calculs ont été réalisés pour les deux valeurs d'épaisseurs corticales h=0.6 mm et h=4 mm afin d'explorer les deux modes de propagation décrits par Bossy et al. [149]. Les résultats sont montrés dans le tableau 2.7. Seules les propriétés matérielles et les épaisseurs pour lesquels la vitesse du FAS est différente seront considérées par la suite.

Propriété matérielle	C_{11} (GPa)		C_{12} (GPa)		C_{33} (GPa)		C_{55} (GPa)		ρ (g/cm^3)	
h (mm)	0.6	4	0.6	4	0.6	4	0.6	4	0.6	4
Comparaison	$\neq$	$\neq$	$\neq$	$\approx$	$\neq$	$\approx$	$\approx$	$\approx$	$\neq$	$\neq$

TAB. 2.7 – Différence entre les vitesses de FAS simulées obtenues pour les extrema de la gamme physiologique montrée dans le Tableau 2.6. Les signes $\neq$ et $\approx$ indiquent respectivement une différence supérieure en valeur absolue à 95 m/s et inférieure à 23 m/s.

Effet d'un gradient de propriétés matérielles

La Figure 2.30 montre de manière qualitative l'effet d'un gradient de propriété matérielle sur la propagation ultrasonore. Le front d'onde dans l'os subit une distorsion, qui est due à la vitesse de propagation plus importante dans la partie supérieure que dans la partie inférieure de la plaque immergée.

Les Figures 2.31, 2.32 et 2.33 montrent les variations des vitesses de FAS simulées par éléments finis (lignes pleines) et obtenues avec des modèles analytiques (lignes pointillées).

Pour de faibles épaisseurs corticales (h=0.6 mm), le modèle analytique considère la vitesse du premier mode de Lamb S0 d'une plaque homogène anisotrope immergée dont l'épaisseur tend vers zéro en considérant des propriétés matérielles moyennées dans l'épaisseur [151, 152]. Les lignes grises pleines correspondant au gradient de type 2 (propriété matérielle constante au milieu de l'os) des Figs. 2.31(a), 2.32 et 2.33(a) sont toutes quasiment horizontales, ce qui semble indiquer que la vitesse du FAS pourrait dépendre de la valeur au milieu de la couche solide. Ces résultats sont confirmés par le bon accord obtenu entre les résultats simulés numériquement et obtenus analytiquement (courbes noire pleines et pointillées) concernant la dépendance de la vitesse du FAS en fonction du gradient pour des gradients de type 1 (courbes noire pleines et pointillées). La surestimation des valeurs obtenues numériquement vient du fait que l'épaisseur choisie pour la simulation par éléments finis est de 0.6 mm alors qu'analytiquement, elle tend vers zéro. Ces résultats montrent que la vitesse du FAS dans le cas d'une faible épaisseur corticale dépend de la valeur moyenne des propriétés matérielles dans l'épaisseur. Dans ce cas, les effets géométriques déterminants les propriétés des ondes guidées semblent prépondérants par rapport à l'hétérogénéité des propriétés matérielles.

Pour de fortes épaisseurs corticales (h = 4 mm), le modèle analytique considère la vitesse de l'onde latérale donnée par la vitesse longitudinale du solide anisotrope dans la direction x. En l'absence de gradient, la surestimation de la vitesse du FAS obtenue avec le modèle analytique a déja été obtenue dans [149]. Cependant, le modèle analytique ne prédit pas les variations de la vitesse du FAS car l'onde latérale ne se

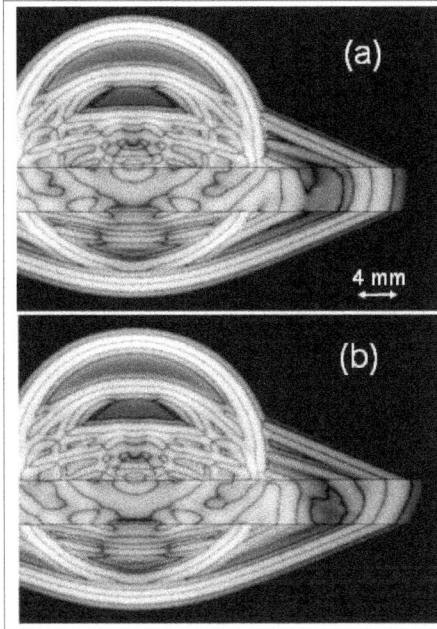

FIG. 2.30 – Image de la propagation ultrasonore au temps $t=8$ μs dans le milieu à trois phases ($h=4$ mm) (a) : le milieu solide est homogène, (b) le milieu solide est hétérogène avec un gradient constant de C_{11} dans la direction z égal à 30 GPa/cm.

propage pas strictement à la surface. Une profondeur équivalente de pénétration a été estimée à partir de l'écart entre le modèle analytique et la simulation par éléments finis en utilisant une approximation du premier ordre. Le Tableau 2.8 montre les résultats obtenus pour la profondeur équivalente de pénétration en fonction du type de gradient et de la propriété matérielle considérée. Les valeurs trouvées pour les deux types de gradient sont proches, ce qui constitue une validation de notre approche. Cependant, la profondeur équivalente de pénétration dépend de la propriété matérielle considérée.

	Type 1	Type 2
Variation de C_{11}	0.59	0.66
Variation de ρ	1.03	1.04

TAB. 2.8 – Valeurs des profondeurs équivalentes de pénétration (mm) trouvées en fonction du type de gradient et de la propriété matérielle considérée.

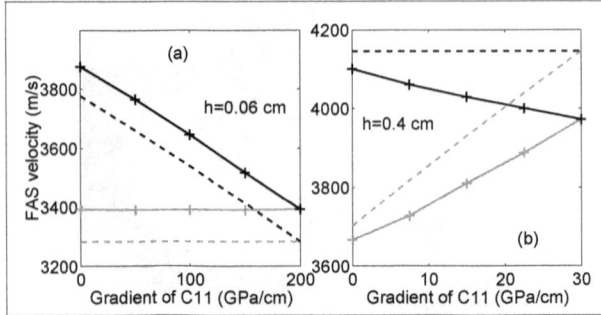

FIG. 2.31 – Variation de la vitesse du FAS en fonction du gradient spatial de C_{11} pour (a) : h=0.6 et (b) : h=4 mm. Les lignes noires correspondent à une variation de type 1 et les lignes grises correspondent à une variation de type 2. Les lignes pleines indiquent les résultats obtenus à partir de la simulation par éléments finis et les lignes pointillées correspondent (a) au modèle analytique développé dans [151, 152] en considérant des propriétés matérielles moyennées dans l'épaisseur et (b) à la vitesse longitudinale dans la direction x pour $z = 0$, qui correspond à la vitesse de l'onde latérale.

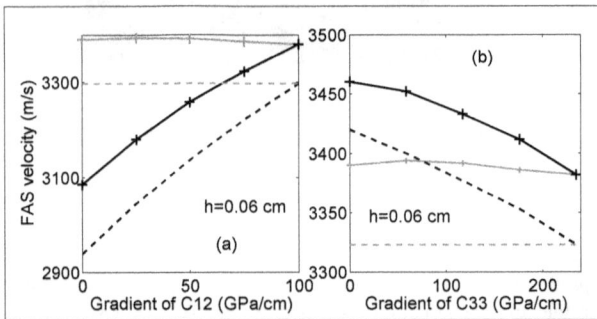

FIG. 2.32 – Variation de la vitesse du FAS en fonction du gradient spatial de (a) C_{12} et (b) C_{33} pour h=0.6 mm. Les lignes noires correspondent à une variation de type 1 et les lignes grises correspondent à une variation de type 2. Les lignes pleines indiquent les résultats obtenus à partir de la simulation par éléments finis et les lignes pointillées correspondent au modèle analytique développé dans [151, 152] en considérant des propriétés matérielles moyennées dans l'épaisseur.

Dans l'os cortical, les propriétés matérielles ne varient pas indépendamment mais sont toutes liées à une variation de porosité. Afin de prendre en compte de manière réaliste des variations de propriétés matérielles, une variation de porosité de 3 à 15 % a été considérée et les variations correspondantes de constantes élastiques ont été calculées à

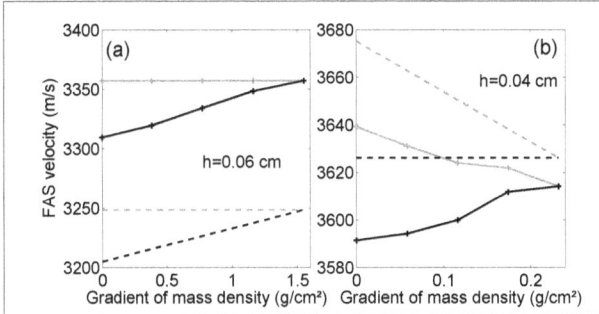

FIG. 2.33 – Variation de la vitesse du FAS en fonction du gradient spatial de ρ pour (a) : $h = 0.6$ et (b) : $h=4$ mm. Les lignes noires correspondent à une variation de type 1 et les lignes grises correspondent à une variation de type 2. Les lignes pleines indiquent les résultats obtenus à partir de la simulation par éléments finis et les lignes pointillées correspondent (a) au modèle analytique développé dans [151, 152] en considérant des propriétés matérielles moyennées dans l'épaisseur et (b) à la vitesse longitudinale dans la direction x pour $z = 0$, qui correspond à la vitesse de l'onde latérale.

partir des résultats obtenus par Baron et al. [153]. La Figure 2.34 montre la dépendance de la vitesse du FAS à un gradient de porosité ainsi modélisé. Les mêmes résultats concernant les faibles épaisseurs corticales sont obtenus pour un gradient de porosité. Cependant, la valeur de profondeur équivalente de pénétration pour un gradient de type 1 (respectivement 2) est de 0.46 mm (respectivement 0.76 mm). L'écart entre ces valeurs provient de la mise en défaut de l'approximation du premier ordre lorsque toutes les propriétés matérielles varient simultanément.

2.4 Conclusion

Les problématiques scientifiques concernant l'os trabéculaire et l'os cortical sont différentes, aussi bien du point de vue des modalités expérimentales mises en oeuvre que des caractéristiques physiques du matériau étudié. Cependant, les approches choisies pour étudier ces deux "objets" sont assez similaires et comportent trois phases. Premièrement, des techniques expérimentales ont été mises en oeuvre *in vitro* afin de mieux comprendre les phénomènes mis en jeu dans l'interaction d'une onde acoustique et du tissu osseux, dans un environnement contrôlé. Deuxièmement, des techniques de traitement du signal ont permis d'améliorer le traitement des données obtenues *in vivo* par des dispositifs existants. Troisièmement des outils de simulation numérique ont été utilisés et/ou développés afin de mieux comprendre les déterminants physiques de la propagation ultrasonore. Ces trois phases sont éminemment complémentaires et constituent une approche puissante afin de résoudre les problèmes rencontrés. Elles se situent directement dans le cadre (décrit en introduction) des sciences de l'ingénieur. Cependant, il reste encore aujourd'hui difficile de mener à bien l'inversion robuste des données ul-

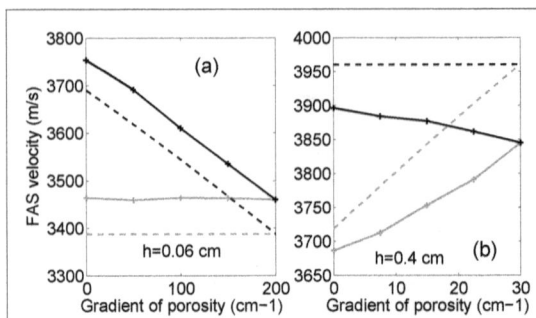

FIG. 2.34 – Variation de la vitesse du FAS en fonction du gradient spatial de porosité pour (a) : $h = 0.6$ et (b) : $h = 4mm$. Les lignes noires correspondent à une variation de type 1 et les lignes grises correspondent à une variation de type 2. Les lignes pleines indiquent les résultats obtenus à partir de la simulation par éléments finis et les lignes pointillées correspondent (a) au modèle analytique développé dans [151, 152] en considérant des propriétés matérielles moyennées dans l'épaisseur et (b) à la vitesse longitudinale dans la direction x pour $z = 0$, qui correspond à la vitesse de l'onde latérale.

trasonore et ce champ de recherche semble constituer un véritable challenge pour les années à venir.

La prochaine partie porte sur l'étude du contact adhésif de matériaux viscoélastique, dont les implications sont également importantes dans le domaine biomédical.

Chapitre 3

Modélisation du contact adhésif de matériaux viscoélastiques

3.1 Contexte et motivation

L'ensemble des travaux décrits dans ce chapitre a été réalisé en collaboration avec Etienne Barthel du Laboratoire Mixte CNRS - Saint - Gobain.

Les phénomènes de contact adhésif ont des implications technologiques multiples. Dans le domaine du génie biomédical, les implications des phénomènes de contact adhésif viscoelastique sont multiples. On peut citer le cas de la pose de prothèses qui peuvent être implantées en utilisant différents ciments afin d'améliorer l'adhésion entre l'os et l'implant (voir par exemple [154]). Il a été montré que la rugosité de surface améliore les processus d'ostéointegration pour les implants dentaires [155] et permet de diminuer la mobilité des implants fémoraux cimentés [156]. De plus, les phénomènes d'usure, qui sont étroitement liés aux problèmes d'arthrose (par exemple à la hanche ou au genou), peuvent être appréhendés par une approche prenant en compte les phénomènes de contact adhésif. D'importants efforts sont aussi fournis vers une meilleure caractérisation des phénomènes d'adhésion cellulaire [157, 158, 159] dans le contexte d'études de cellules cancéreuses. De telles mesures peuvent être réalisées en utilisant un dispositif classique de mesure de force [160], des techniques AFM [161], des expériences de pelage [162] ou par des techniques utilisant des résonateurs [163]. Il a été montré [164] que la rigidité du substrat influence l'adhésion cellulaire, ce qui renforce l'idée d'un couplage entre les phénomènes mécaniques, physiques et biologiques. Les phénomènes d'adhesion sont également importants pour l'attachement temporaire de differents animaux. Les étoiles de mer adhèrent sur les fonds marins en utilisant une base extensible qui s'attache et se détache avec des secretions adhésives et dé-adhesives [165, 166]. De même, des animaux aussi divers que les insectes, les lézards et certaines grenouilles utilisent des systèmes adhésifs afin de se déplacer [167, 168, 169].

Les phénomènes d'adhésion peuvent jouer un rôle important dans des problématiques industrielles aussi diverses que les films minces utilisés comme protecteur [170], la fabrication de structures électroniques multicouches [171], les adhésifs sensibles à la pression [172, 173] et plus généralement dans le domaine de la science des polymères. On peut également citer la fabrication du verre, les techniques d'impression et de reprographie de vitrages auto-nettoyants ainsi que le contrôle de la contamination particulaire en microélectronique.

La section 3.2 décrit les modèles que nous avons développés afin de prendre en compte le contact adhésif d'une surface viscoélastique ainsi que les approximations successives. Dans la section 3.3, un modèle simplifié issu de ces travaux est appliqué pour traiter le cas d'une surface rigueuse.

3.2 Modélisation d'une sphère isolée

3.2.1 Introduction

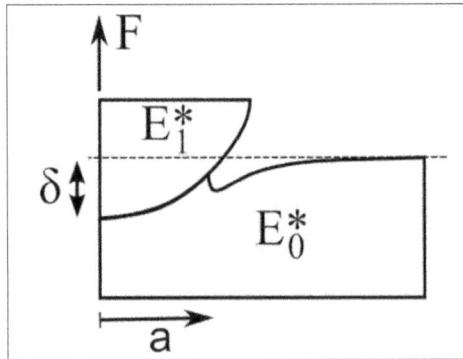

FIG. 3.1 – Définition des variables macroscopiques du contact. δ est la pénétration, a le rayon de contact et F la force appliquée.

Lors d'un contact adhésif, la zone de contact est définie par la géométrie (région où les surfaces se touchent) et les processus adhésifs correspondent aux phénomènes à l'interface entraînant des contraintes de tension dans la zone d'interaction. Cependant, dans les approches expérimentales du contact, ce ne sont pas les interactions locales qui sont mesurées, mais des grandeurs macroscopiques (voir Fig. 3.1) :

1. la force appliquée (F)
2. la pénétration (δ)
3. le rayon de contact (a)

La difficulté de ce problème provient des conditions aux limites mixtes (en contrainte dans la zone d'interaction et en déplacement dans la zone de contact), la rayon de contact variant en fonction du temps.

Les problèmes de contact ont pris forme à la fin du 19ème siècle avec les solutions au problème du contact linéaire de sphères élastiques [174, 175]. Dans les années 30, les développements dans le domaine des forces surfaciques a permis de résoudre le problème de l'adhésion de corps rigides [176]. Dans les années 60, le problème du contact de sphères viscoélastiques sans adhésion a été résolu pour un rayon de contact croissant [177], puis dans le cas général [178, 179]. La difficulté principale par rapport au cas élastique réside dans la dépendance de la solution à l'ensemble de l'histoire du contact.

Dans les années 70, trois principales théories ont été développées afin de caractériser le contact adhésif entre des sphères élastiques. La première (Johnson, Kendall et Roberts JKR [180]) est applicable aux solides de relativement faible module élastique avec une énergie de surface élevée. La seconde (Derjaguin, Muller et Toporov DMT [181]), s'applique aux solides de module élastique plus importants ayant une énergie de surface plus faible. La troisième (solution de transition de Maugis [182]) combine les résultats obtenus en mécanique de la fracture avec la théorie du contact et permet une unification des théories JKR et DMT. Dans ce modèle, l'interaction adhésive est ajoutée à un contact de type hertzien par un modèle de zone cohésive : l'interaction entre les surfaces est donc injectée sous forme de conditions aux limites dans le problème mécanique du contact élastique. Spécifiquement, les forces attractives sont décrites en utilisant un modèle de "Dugdale" pour approximer le potentiel d'interaction. Ce modèle a été simplifié par Carpick et al. [183] à travers une équation permettant d'approcher simplement les variables de contact. Greenwood et Johnson [184] ont développé une approche alternative au modèle de Maugis : l'approche "Double Hertz" dans laquelle une distribution ellipsoïdale d'amplitude σ_0 approxime la répartition des contraintes d'attraction en dehors de la zone de contact.

Le problème de la propagation de fissures, qui est fortement associé aux problèmes de contact, a été résolu par Schapery [185, 186, 187] pour un milieu viscoélastique. Il a utilisé un modèle de "Dugdale" dérivé des concepts de mécanique de la fracture pour montrer que la vitesse de propagation de la fissure dépend de l'énergie de surface apparente, grandeur qui dépend des phénomènes de dissipation en fond de fissure. Greenwood [188] a étendu cette approche en couplant ces principes avec une force de surface de Maugis-Dugdale pour résoudre la propagation et la fermeture d'une fissure dans un milieu viscoélastique. Ce même modèle a été utilisé récemment [189] afin d'étudier le comportement du contact viscoélastique soumis à un chargement cyclique. Dans le cadre du contact adhésif viscoélastique, la difficulté supplémentaire consiste à prendre en compte simultanément la conformation dans la zone de contact et les contraintes adhésives dans la zone d'interaction, sachant que les conditions aux limites dépendent du temps à cause de la viscoélasticité. Quelques études [190, 191] ont proposé de coupler le problème d'une fissure qui se referme avec le problème du contact pour un rayon de contact croissant. Lin et al. [192] a proposé une solution du problème dans le cas d'un rayon de contact croissant et a mis au point une modélisation par éléments finis [193]. Cependant, le cas du rayon décroissant reste mal compris malgré son importance pratique puisqu'il contrôle la rupture du contact et donc l'adhérence. Un modèle complètement numérique [194, 195] a été implémenté dans le cas spécifique d'une relaxation exponentielle.

Dans ce qui suit, l'approche utilisée afin de résoudre ce problème est d'abord décrite dans un cadre général. Le modèle développé du contact entre un milieu viscoélastique linéaire semi-infini et une sphère rigide en présence d'interaction adhésive couple la mécanique non-linéaire du contact de type Hertzien et la physique de l'interaction dans le cadre d'un comportement viscoélastique. Notre modèle fournit les relations exactes entre les variables de contact : force, pénétration et rayon de contact. Dans le cadre de l'élasticité linéaire, la relation entre les champs de contrainte et de déplacement est non locale pour ce type de problème, ce qui rend son analyse délicate. Un modèle auto-consistant a été développé dans [196, 197, 198, 199] et constitue la base des travaux résumés ici. L'essence de cette approche est de construire, par une transformation spatiale analytique utilisant des transformées intégrales initialement introduites par Sneddon [200], deux champs représentant le déplacement et la contrainte et qui obéissent à une relation locale à l'équilibre, ce qui constitue l'originalité de l'approche. Des approximations judicieuses portant notamment sur le traitement de la zone d'interaction ont ensuite été introduites afin de simplifier les expressions intégrales et de réduire les temps de calcul. Nous avons notamment pu montré l'existence d'un retard entre la diminution du rayon de contact et le début de la phase de décharge lié à la relaxation viscoélastique des contraintes de compression dans la zone de contact.

3.2.2 Modèle général

Publication associée :
– Haïat G., Phan Huy M. C. and Barthel E., "The adhesive contact of viscoelastic spheres", *J. Mech. Phys. Sol.* **51** (1) (2003), pp. 69-99.

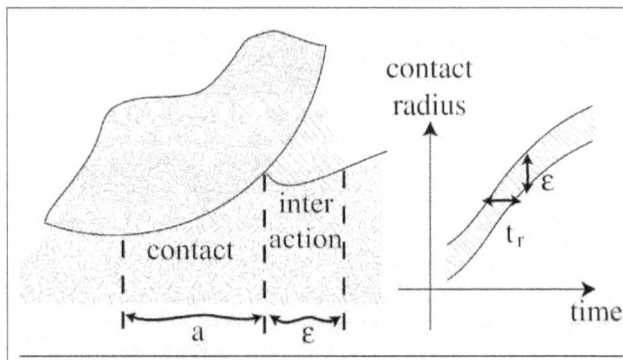

FIG. 3.2 – Définition des principales variables microscopiques du contact. ϵ est la taille de la zone d'interaction des contraintes adhésives et t_r est le temps caractéristique de fissure correspondant au temps passé par un point de la surface dans la zone d'interaction.

Comportement viscoélastique linéaire

Les lois de comportement du matériau étudié correspondent à un comportement général viscoélastique linéaire. Le coefficient de Poisson est supposé constant, ce qui correspond à une approximation acceptable pour un certain nombre de matériaux [201]. La contrainte σ et la déformation ϵ sont donc liées par :

$$\sigma(t) = \int_0^t d\tau \psi(t-\tau)\frac{d}{d\tau}\epsilon(\tau), \tag{3.1}$$

$$\epsilon(t) = \int_0^t d\tau \phi(t-\tau)\frac{d}{d\tau}\sigma(\tau), \tag{3.2}$$

où la fonction de relaxation $\psi(t)$ et de fluage $\phi(t)$ sont inverses par le produit de convolution, ce qui donne :

$$\sigma(t) = \sigma(t_0) + \int_{t_0}^t d\tau \psi(t-\tau)\frac{\partial}{\partial\tau}\int_{t_0}^\tau d\tau' \phi(\tau-\tau')\frac{\partial}{\partial\tau'}\sigma(\tau'), \tag{3.3}$$

en supposant que $\sigma(t)$ ne dépend pas du temps pour $t < t_0$.

Viscoélasticité de surface

Les conditions aux limites du problème du contact adhésif s'écrivent :

$$u(r) = \delta - f(r) \text{ pour } r < a, \tag{3.4}$$

$$\sigma(r) \qquad \text{connu pour } r > a, \tag{3.5}$$

où r est la coordonnée radiale en géométrie axisymétrique, $u(r)$ est le déplacement normal de la surface, δ est la pénétration, a est le rayon de la zone de contact et $\sigma(r)$ la distribution des contraintes normales à la surface. La forme de l'indenteur est donnée par la fonction $f(r)$ qui est convexe et régulière mais peut être arbitraire : notre modèle s'applique au cas de contacts dont la géométrie est axisymétrique. La valeur de $\sigma(r)$ pour $r > a$ dépend des processus d'adhésion.

Deux fonctions auxiliaires g et θ sont introduites comme transformées de la contrainte et du déplacement, données par :

$$g(s) \equiv -\int_s^{+\infty} \frac{r\sigma(r)}{(r^2-s^2)^{1/2}}dr, \tag{3.6}$$

$$\theta(s) \equiv \frac{d}{ds}\int_0^s \frac{ru(r)}{\sqrt{s^2-r^2}}dr \tag{3.7}$$

$$= \left[u(s=0) + s\int_0^s dr\frac{u'(r)}{(s^2-r^2)^{1/2}}\right]. \tag{3.8}$$

Ces transformées peuvent être inversées analytiquement. De plus, la fonction $g(s)$ ne dépend que de $\sigma(r)$ pour $r > s$, et la fonction $\theta(s)$ ne dépend que de $u(r)$ for $r < s$, ce qui traduit les conditions aux limites mixtes. En négligeant les contraintes de cisaillement à l'interface, l'équation d'équilibre mécanique dans le cas élastique est donné par :

$$g(s) = \mathcal{K}\theta(s), \quad \forall s, \tag{3.9}$$

où $\mathcal{K}$ est donné par :

$$\mathcal{K} = \frac{E}{2(1-\nu^2)}. \tag{3.10}$$

En terme de mécanique de la fracture, $g(a)$ est relié au facteur d'intensité de contraintes induit par les contraintes d'adhésion : si la zone d'interaction est suffisamment petite, le facteur d'intensité de contraintes s'exprime en fonction de $g(a)$ par :

$$K_\sigma = \frac{-2g(a)}{\sqrt{\pi a}}. \tag{3.11}$$

De plus, en utilisant les conditions aux limites en déplacement et l'Eq. 3.8, on obtient l'équation donnant $\theta(r)$ dans la zone de contact $(r < a)$:

$$\theta(r) = \delta - \delta_0(r), \tag{3.12}$$

où

$$\delta_0(r) = \frac{d}{dr} \int_0^r \frac{s f(s)}{(r^2 - s^2)^{1/2}} ds = r \int_0^r ds \frac{f'(s)}{(r^2 - s^2)^{1/2}} \tag{3.13}$$

est la signature de la forme de l'indenteur. Dans le cas élastique, l'équation d'équilibre est donnée par :

$$\delta = \delta_0(a) + \frac{1}{\mathcal{K}} g(a). \tag{3.14}$$

En revanche, dans le cas viscoélastique, l'Eq. 3.9 devient :

$$g(t) = \int_0^t d\tau \psi(t - \tau) \frac{d}{d\tau} \theta(\tau) \tag{3.15}$$

dont l'inverse s'ecrit :

$$\theta(t) = \int_0^t d\tau \phi(t - \tau) \frac{d}{d\tau} g(\tau). \tag{3.16}$$

Modèle auto-cohérent : modèle de zone cohésive

Les détails de la physique des processus d'adhésion dictent l'équation d'auto-cohérence, mais la diversité des phénomènes d'adhésion peuvent mener à différentes équations possibles d'auto-cohérence [197, 196]. Dans ce travail, nous utilisons un modèle approché où les processus d'adhésion dérivent d'un potentiel d'interaction V entre les surfaces. L'énergie d'adhésion est donnée par :

$$w \equiv V(+\infty) - V(0) = \int_0^{+\infty} dz \frac{dV}{dz} = - \int_0^{+\infty} dz \sigma(z), \tag{3.17}$$

où z correspond à la normale à la surface (direction axiale en géométrie axisymétrique). En introduisant le saut entre les surfaces

$$h(r) = u(r) - \delta + f(r), \tag{3.18}$$

l'équation d'auto-cohérence (Eq. 3.17) s'ecrit :

$$w = - \int_a^{+\infty} \sigma(r) \frac{dh(r)}{dr} dr. \tag{3.19}$$

La stratégie pour trouver la solution à ce problème auto-cohérent consiste à trouver une solution pour la contrainte en dehors de la zone de contact qui vérifie les conditions

aux limites dans la zone de contact et l'équation d'auto-cohérence (Eq. 3.19). La force
est alors calculée *a posteriori* simplement à partir de la fonction g et est donnée par :

$$F = 4 \int_0^{+\infty} dr g(r). \tag{3.20}$$

La Fig. 3.3 illustre la stratégie du calcul des différentes valeurs d'intérêt utilisées dans ce
qui suit, en montrant notamment l'histoire du rayon de contact en fonction du temps.

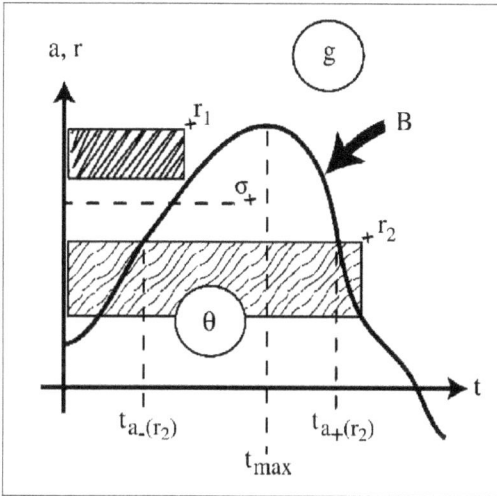

FIG. 3.3 – Représentation schématique de l'histoire du rayon de contact en
fonction du temps (ligne B). Le plan $r - t$ est divisé en deux parties : le
domaine g où la distribution des contraintes est connue, et le domaine θ
où le déplacement de la surface est connu. Les deux zones rectangulaires
illustrent le calcul pour la phase de rayon croissant et décroissant.

Rayon de contact croissant

Ce cas est le plus direct puisque l'histoire du système reste relativement simple : pour
un rayon r donné, la frontière entre les deux domaines (zone de contact et zone d'interaction) n'est franchie qu'une seule fois. La continuité de θ au bord de la zone de
contact qui permet d'obtenir :

$$\delta(t) = \delta_0(a(t)) + \int_0^t d\tau \phi(t - \tau) \frac{\partial}{\partial \tau} g(a(t), \tau). \tag{3.21}$$

A l'intérieur de la zone de contact ($r < a(t)$), la distribution des contraintes peut être
calculée à partir de la connaissance de la fonction g, qui est obtenu à partir des Eqs.
3.12 et 3.15. Cependant, dans l'Eq. 3.15, le domaine temporel s'étend de 0 to t, alors

que $\theta(r, t)$ n'est connu qu'entre $t_{a_-}(r)$ et t, où $t_{a_-}(r)$ est défini (voir Fig. 3.3) par

$$a(t_{a_-}(r)) = r. \tag{3.22}$$

$\theta(r, \tau)$ doit donc être exprimé en fonction de $g(r, \tau')$ pour $t < t_{a_-}(r)$, ce qui peut être effectué en utilisant l'Eq. 3.16, menant à :

$$
\begin{aligned}
g(r, t) = & \int_{t_{a_-}(r)}^{t} d\tau \psi(t - \tau) \frac{\partial}{\partial \tau} \{\delta(\tau) - \delta_0(r)\} \\
& + \int_0^{t_{a_-}(r)} d\tau \psi(t - \tau) \frac{\partial}{\partial \tau} \int_0^{\tau} d\tau' \phi(\tau - \tau') \frac{\partial}{\partial \tau'} g(r, \tau').
\end{aligned} \tag{3.23}
$$

Cette expression est également valable dans le régime où le rayon de contact décroît et est à la base de l'équation donnant la pénétration.

Rayon de contact décroissant

Lors de la phase de rayon décroissant, la frontière entre les deux domaines (zone de contact et zone d'interaction) est franchie deux fois, ce qui mène à des expressions plus compliquées que dans le paragraphe précédent et à des intégrales multiples. En utilisant l'Eq. 3.23, la continuité de g à la périphérie de la zone de contact (en $a(t)$) donne :

$$
\begin{aligned}
g(a(t), t) = & \int_{t_{a_-}(a(t))}^{t} d\tau \psi(t - \tau) \frac{\partial}{\partial \tau} \{\delta(\tau) - \delta_0(a(t))\} \\
& + \int_0^{t_{a_-}(a(t))} d\tau \psi(t - \tau) \frac{\partial}{\partial \tau} \left(\int_0^{\tau} d\tau' \phi(\tau - \tau') \frac{\partial}{\partial \tau'} g(a(t), \tau') \right),
\end{aligned} \tag{3.24}
$$

qui est de la forme de l'Eq. 3.14 dans le cas du régime à rayon décroissant. Notons que cette équation est une extension de l'équation intégrale caractéristique développé dans [178]. Dans le cas non adhésif, la pénétration δ peut être calculée directement à partir de cette dernière équation.

Comme illustration de l'utilisation récursive des Eqs. 3.15 et 3.16, nous donnons ici l'expression explicite de θ qui permet de calculer l'écart entre les surfaces, dans laquelle chaque terme est exprimé en fonction de quantités déjà déterminées :

$$
\begin{aligned}
\theta(s, t) = & \int_0^{t_{a_-}(s)} d\tau \phi(t - \tau) \frac{\partial}{\partial \tau} g(s, \tau) + \int_{t_{a_+}(s)}^{t} d\tau \phi(t - \tau) \frac{\partial}{\partial \tau} g(s, \tau) + \\
& \int_{t_{a_-}(s)}^{t_{a_+}(s)} d\tau \phi(t - \tau) \frac{\partial}{\partial \tau} \left\{ \int_{t_{a_-}(s)}^{\tau} d\tau' \psi(\tau - \tau') \frac{\partial}{\partial \tau'} \theta(s, \tau') \right. \\
& \left. + \int_0^{t_{a_-}(s)} d\tau' \psi(\tau - \tau') \frac{\partial}{\partial \tau'} \int_0^{\tau'} d\tau'' \phi(\tau' - \tau'') \frac{\partial}{\partial \tau''} g(s, \tau'') \right\},
\end{aligned} \tag{3.25}
$$

où $t_{a_+}(r)$ est défini dans le régime de rayon décroissant (voir Fig. 3.3) par :

$$a(t_{a_+}(r)) = r. \tag{3.26}$$

Résultats et discussion

Nous allons considérer dans ce qui suit une configuration où l'histoire de la pénétration est imposée, ce qui correspond à nombre de configurations expérimentales. On doit résoudre simultanément l'équation de la pénétration (Eqs. 3.21 ou 3.24 selon la phase du contact considérée) et l'équation d'auto-cohérence (Eq. 3.19).

Des formes arbitraires de l'indenteur peuvent être prises en compte. Afin de modéliser l'indenteur par une sphère, nous avons considéré une forme parabolique pour la fonction f. Concernant la zone d'interaction, nous avons implémenté le modèle "double Hertz" [184], dans lequel la distribution des contraintes attractives dans la zone d'interaction déterminée par le rayon de contact a et par le rayon d'interaction c est supposée ellipsoidale. L'avantage de ce modèle est l'absence de discontinuité de contrainte à la périphérie de la zone d'interaction, ce qui simplifie les calculs. A l'extérieur de la zone de contact, g est alors donné par :

$$g(r) = \frac{\pi}{4}\sigma_0 \frac{r^2 - c^2}{\sqrt{c^2 - a^2}} \qquad si \ a \leq r \leq c, \tag{3.27}$$

$$g(r) = 0 \qquad si \ c < r. \tag{3.28}$$

La grandeur normalisée λ est classiquement utilisée pour caractériser les phénomènes d'adhésion dans le cadre du modèle Double Hertz et est donné par :

$$\lambda = \frac{2\sigma_0}{\left(\frac{\pi w K^2}{R}\right)^{1/3}} \tag{3.29}$$

Un programme a été implémenté afin de pouvoir considérer n'importe quelle paire de fonctions viscoélastiques acceptables. Dans ce qui suit, elles seront données par :

$$\phi(t) = \frac{2}{E^*}\left(1 + \frac{1-k}{k}(1 - e^{-\frac{t}{\mu}})\right), \tag{3.30}$$

$$\psi(t) = \frac{E^*}{2}\left(k + (1-k)e^{-\frac{t}{k\mu}}\right), \tag{3.31}$$

où k est le paramètre de relaxation et μ est compris entre 0 (cas élastique) et 1.

La Figure 3.4 montre les résultats obtenus à l'aide du programme en supposant une réponse viscoélastique exponentielle avec $k = 0.1$ et $\mu = 1$. L'adhésion introduit principalement une "période de collage" où le rayon de contact ne diminue pas, bien que la séparation entre les corps augmente. Cette période de collage, ou "stick zone", est un phénomène important et sera à la base de la modélisation développée dans la section 3.3. Le retard entre l'amorce du mouvement de retrait de la sphère et le moment où la zone de contact recule (Fig. 3.4) provient de la relaxation des contraintes due à la viscoélasticité qui entraîne une diminution des contraintes de compression. Pour une vitesse de retrait de la sphère donnée, si la relaxation est trop rapide, la concentration de contraintes au bord du contact est insuffisante pour restreindre le rayon de contact : les matériaux sont collés. Lorsque l'indenteur se retire, des contraintes de traction doivent être reconstruites dans la zone de contact avant que $g(a)$ ne soit suffisamment important pour que le bord de la zone de contact ne puisse commencer à diminuer, ce qui

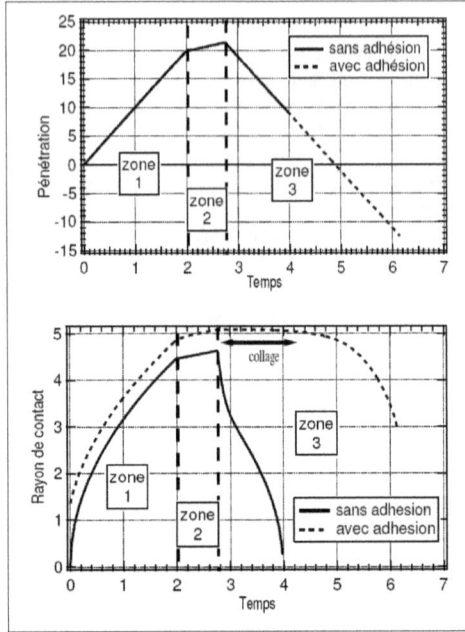

FIG. 3.4 – Histoire (a) de la pénétration imposée et (b) du rayon de contact calculé par le modèle.

dépend de la compétition entre la relaxation des contraintes et la vitesse de décharge. Nous allons maintenant nous intéresser à un modèle simplifié du contact adhésif obtenu à partir de ce travail.

3.2.3 Modèle simplifié

Publications associées :
- Barthel E. and Haïat G., "Approximate model for the adhesive contact of viscoelastic sphere", *Langmuir*. **18** (24) (2002), pp. 9362-9370.
- Barthel E. and Haïat G. "Adhesive contact of viscoelastic spheres : A Hand-Waving Introduction", *J. adhes.* **80**(1-2) (2004), pp. 1-19.

Hypothèses supplémentaires

Un certain nombre d'hypothèses portant sur la zone d'interaction ont été réalisées afin de simplifier les expressions intégrales et de réduire les temps de calcul. Premièrement, la taille de la zone d'interaction $\epsilon = c - a$ est supposé significativement plus petite que le rayon de contact :

$$\epsilon = c - a \ll a \tag{3.32}$$

Cette approximation permet d'obtenir la valeur de la fonction g au rayon de contact à partir de l'Eq. 3.27 :

$$g(a) = -\frac{\pi}{4}\sigma_0\sqrt{2a\epsilon}. \tag{3.33}$$

Deuxièmement, les intégrales temporelles modélisant les interactions adhésives sont ici traitées à une échelle locale : le rayon d'interaction $c(t)$ est exprimé en utilisant une approximation du premier ordre et la dérivée dc/dt est considérée égale à la vitesse du rayon de contact da/dt, comme cela a été fait dans d'autres travaux dans le domaine de la mécanique de la fissure dans un milieu viscoélastique [185, 186, 190]. Un temps caractéristique de fissure t_r qui correspond au temps passé par un point de la surface dans la zone d'interaction est alors introduit et défini par :

$$\left|\frac{da}{dt}\right| = \frac{\epsilon(t)}{t_r(t)}. \tag{3.34}$$

Nombre de simplifications résultent de ces deux approximations. Au premier ordre, l'équation 3.21 s'écrit maintenant :

$$\delta(t) = \delta_0(a) - \frac{\pi}{4}\sigma_0\sqrt{2a\epsilon}\phi_0(t_r) \tag{3.35}$$

où

$$\phi_0(t_r) = \frac{1}{t_r}\int_0^{t_r} d\tau\phi(t_r - \tau). \tag{3.36}$$

De même, l'Eq. 3.24 se simplifie et donne :

$$\bar{g}(a(t), t) \simeq -\frac{\pi}{4}\sigma_0\sqrt{2a\epsilon}\frac{1}{t_r}\int_{t_i}^{t_{a_-}(a(t))} d\tau\psi(t - \tau)\frac{\partial}{\partial\tau}\int_{t_i}^{\tau} d\tau'\phi(\tau - \tau') \tag{3.37}$$

avec

$$t_r = t_r(t_{a_-}(a(t))), \tag{3.38}$$

$$t_i = t_{a_-}(a(t)) - t_r. \tag{3.39}$$

La force totale s'obtient par une intégration spatiale de la fonction g (Eq. 3.20)) :

$$P = 4\int_0^t d\tau\psi(t - \tau)\frac{d}{d\tau}\int_0^{\min\left(a(t);a(\tau)\right)} dr\left(\delta(\tau) - \delta_0(r)\right). \tag{3.40}$$

Dans le cas d'un rayon décroissant, en utilisant 3.24, on obtient :

$$\begin{aligned}P &= 4\int_0^{t_{a_-}(a(t))} d\tau\psi(t - \tau)\frac{d}{d\tau}\int_0^{a(\tau)} dr\left(\delta(\tau) - \delta_0(r)\right) \\ &\quad + 4u(l)\{y(u(l), l) - \bar{g}(a(t), t)\}.\end{aligned} \tag{3.41}$$

Les deux approximations précédemment décrites permettent également une simplification de l'équation d'auto-cohérence 3.19. Pour le régime de rayon de contact croissant, on obtient :

$$w = \frac{\pi}{8}\sigma_0^2\epsilon\phi_{1,a}(t_r) \tag{3.42}$$

où

$$\phi_{1,a}(t_r) = \frac{2}{t_r^2}\int_0^{t_r} d\tau(t_r - \tau)\phi(t_r - \tau) \tag{3.43}$$

De même, pour le régime de rayon de contact décroissant, on obtient :

$$w = \frac{\pi}{8}\sigma_0^2 \epsilon \phi_{1,r}(t_r) \tag{3.44}$$

où

$$\phi_{1,r}(t_r) = \frac{2}{t_r^2}\int_0^{t_r} d\tau\tau\phi(t_r - \tau) \tag{3.45}$$

Résultats et discussion

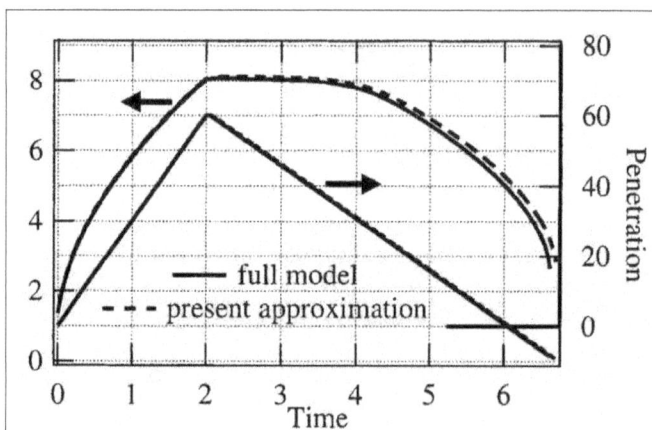

FIG. 3.5 – Pénétration imposée (échelle de droite) et rayon de contact calculé pour $\lambda = 4$ avec le modèle complet (lignes pleines) et l'approximation décrite dans ce paragraphe. Une zone de collage où le rayon de contact est constant peut être identifiée.

La Figure 3.5 montre la comparaison des résultats obtenus avec le modèle simplifié décrit dans ce paragraphe (lignes pointillées) et avec le modèle complet (lignes pleines) décrit au paragraphe précédent. Une zone de collage similaire à celle montrée au paragraphe précédent est également prédite par le modèle. Cet effet est du à la relaxation des contraintes de compression dans la zone de contact. La Figure 3.6 montre les valeurs du temps caractéristique de fissure et de la taille de la zone d'intéraction en fonction de la vitesse du rayon de contact, qui traduisent les effets de fond de fissure. Ces grandeurs sont déterminées par les équations d'auto-cohérence 3.42 et 3.44. La taille de la zone d'interaction augmente avec la vitesse du rayon de contact [187] à cause des effets liés à la viscoélasticité : la raideur effective du matériau viscoélastique augmente avec la vitesse de déformation. Ce phénomène est lié au fluage au bord de la zone de contact. De plus, la différence entre les régimes de rayon de contact croissant et décroissant s'explique par les différences entre les Eqs. 3.42 et 3.44.

Dans la prochaine partie de cette étude, le modèle simplifié décrit ici sera mis à profit afin de modéliser l'adhésion de surfaces rugueuses de milieux viscoélastiques.

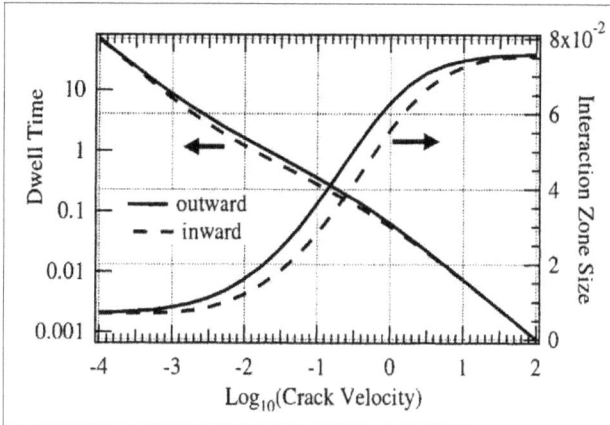

FIG. 3.6 – Temps caractéristique de fracture (t_r) (échelle logarithmique
de gauche) et taille de la zone d'intéraction (échelle linéaire de droite) en
fonction du logarithme de la vitesse du rayon de contact pour le régime de
rayon de contact croissant (inward) et décroissant (outward). Les résultats
sont obtenues avec le modèle approché pour $\lambda = 4$.

3.3 Prise en compte d'une surface rugueuse

Publication associée :
– Haïat G., Barthel E. "The adhesive contact of rough viscoelastic surfaces", *Langmuir*.
23(23) (2007) pp 11643-50.

3.3.1 Introduction

Le contact adhésif de surfaces rugueuses dans le cadre de la viscoélasticité est un
problème complexe car il couple une approche statistique typique des surfaces rugueuses avec les difficultés rencontrées au paragraphe précédent du contact adhésif
viscoélastique. Le problème est maintenant bien compris en ce qui concerne les solides
élastiques [202]. Le modèle de Greenwood-Williamson a été étendu par Fuller et Tabor
[203] qui ont montré une importante réduction de la force adhésive quand la rugosité
augmente. Ils ont introduit le paramètre d'adhésion $\frac{\sigma_s}{\delta_c}$, où σ_s est la déviation standard de la distribution des hauteurs des sommets et δ_c est l'extension maximum des
aspérités avant la rupture. Ce paramètre est une mesure de la balance d'énergie entre
les aspérités comprimées et détendues. Lorsque ce paramètre d'adhésion est important,
la compression des aspérités les plus grandes domine la traction (due à l'adhésion) des
aspérités les plus courtes, ce qui réduit significativement l'adhésion. Maugis [204] a
également étendu son modèle de contact élastique au cas de surfaces rugueuses. Plus
récemment, Morrow et al [205] ont établi une solution de transition JKR-DMT. Le cas
de surfaces rugueuses périodiques [206] a été étudié dans le cadre de la viscoélasticité.
Plus récemment, un autre modèle considérant une surface auto-affine fractale a permis

la modélisation de ce problème sans adhésion dans le cadre de l'élasticité [207, 208] et de la viscoélasticité [209].

L'objectif de ce travail est d'appliquer les modèles décrits aux paragraphes précédents au cas de surfaces rugueuses. Pour prendre en compte une distribution d'aspérités, une description simplifiée du contact viscoélastique doit être envisagée afin de réduire les temps de calcul. Les deux principaux phénomènes mis en évidence dans les sections précédentes (relaxation des contraintes sous le contact et fluage induit par la relaxation au bord de la zone de contact) doivent être pris en compte, tout en simplifiant le problème.

3.3.2 Hypothèses supplémentaires

Dans ce qui suit, une description simple du contact adhésif viscoélastique est utilisée pour les surfaces rugueuses. Toutes les aspérités sont supposées avoir le même rayon R. De plus, deux approximations majeures sont introduites. Premièrement, l'histoire de la pénétration imposée s'écrit :

$$\delta(t) = (\delta_0 + t\dot{\delta})\Theta(t), \tag{3.46}$$

où δ_0 est la pénétration initiale et $\Theta(t)$ est la fonction de Heaviside. Cette approximation correspond à une vitesse infiniment rapide de chargement qui permet de simplifier l'histoire du contact. Du fait de la pénétration infiniment rapide, i) les variables du contact au temps initial sont obtenues par la solution élastique du problème et ii) $t_{a_-}(a(t)) = 0$. Deuxièmement, les résultats obtenus aux sections précédentes portant sur la zone de collage sont utilisés ici afin de simplifier l'histoire du contact. Le cas échéant, la zone de collage est approximée par une phase où le rayon de contact est constant.

Modélisation de la zone de collage

La zone de collage est prise en compte en considérant que le rayon de contact est prescrit par le module élastique instantané. Brièvement, le modèle approché consiste à i) Calculer le rayon de contact initial à partir du modèle élastique instantané ii) Déterminer si il y a une zone de collage et calculer sa durée t_f et iii) calculer les variables du contact lors de la dernière phase. La discontinuité de la pénétration au temps initial doit être pris en compte dans le calcul de la force, ce qui donne :

$$P_1(t) = \psi(t)P_0 + 4a_0\dot{\delta} \int_0^t d\tau \psi(t - \tau), \tag{3.47}$$

où P_0 et a_0 sont respectivement la force et le rayon de contact initial élastique.

Détermination de la fin de la zone de collage

Une méthode simple a été utilisée afin de déterminer la durée t_f de la zone de collage en fonction des paramètres du contact. Notons que t_f peut être nul auquel cas la zone de collage n'existe pas. Au temps t_f, on a : $a(t_f) = a_0$. Cependant, l'évolution du fond de fissure est pris en compte par l'intermédiaire de la taille de la zone cohésive ϵ. Puisque le rayon de contact est constant, le temps de fissure t_r est approché par l'âge de la fissure qui est aussi l'age du contact. Lorsque le rayon de contact commence à diminuer (à $t = t_f$), le temps de fissure est donc considéré égal à l'age du contact t_f. En utilisant les Eqs. 3.44 et 3.33, le critère approché de fin de zone de collage s'écrit :

$$g(a(t_f), t_f) = -\sqrt{\frac{w\pi a_0}{\phi_{1,r}(t_f)}}. \qquad (3.48)$$

L'Equation 3.21 devient alors :

$$g(a(t), t) = \dot{\delta} \int_0^t d\tau \psi(t - \tau) + \psi(t)\left(\delta_0 - \frac{a(t)^2}{R}\right) \qquad (3.49)$$

t_f est donc la solution de l'équation implicite suivante :

$$\psi(t_f)\left(\delta_0 - \frac{a_0^2}{R}\right) + \dot{\delta}\int_0^{t_f} d\tau \psi(t - \tau) + \sqrt{\frac{w\pi a_0}{\phi_{1,r}(t_f)}}, \qquad (3.50)$$

qui est résolue numériquement. Le temps t_f ne dépend que des propriétés mécaniques du matériau ainsi que de l'histoire de la pénétration, ces deux paramètres étant identiques pour toutes les aspérités. t_f ne dépend donc que de la hauteur initiale de l'aspérité considérée. Notons qu'il est possible que $t_f = 0$. Dans ce cas, la zone de collage n'existe pas et on passe directement à la deuxième phase du contact au temps initial.

Phase de rayon décroissant

Lors de cette deuxième phase, la force est donnée par l'équation suivante :

$$P_2(t) = 4a(t)\psi(t)\left(\delta_0 - \frac{a(t)^2}{3R}\right) + 4a(t)\dot{\delta}\int_0^t d\tau \psi(t - \tau), \qquad (3.51)$$

Les deux termes de l'équation précédente correspondent respectivement à la force élastique pour une aspérité sphérique avec le module relaxé à l'instant t en présence d'adhésion et à la réponse du milieu viscoélastique indenté par un indenteur plat (rayon de contact égal à a(t)).

Modélisation de la rugosité

Nous avons utilisé la description de la rugosité introduite par Greenwood et Willamson [202] dans leur étude sur le contact élastique sans adhésion. N aspérités sont réparties sur une aire A_0 en contact avec un plan infiniment rigide. Toutes les aspérités sont supposées avoir le même rayon de courbure R et une distribution Gaussienne de leur hauteur de déviation standard σ_s donnée par :

$$\chi(z) = \frac{1}{\sigma_s\sqrt{2\pi}}exp\left(\frac{-z^2}{2\sigma_s^2}\right), \qquad (3.52)$$

où $\chi(z)$ est la probabilité pour que le sommet d'une aspérité se situe entre z et $z + dz$. Pour une pénétration du plan de δ_0, le nombre n d'aspérités en contact est donné par

$n = N \int_{\delta_0}^{\infty} \chi(z)dz$ et les autres variables du contact peuvent être obtenues par la même intégration, ce qui mène, pour la force totale, à :

$$P(t) = \int_0^{\infty} \chi(z + \delta_0)P_a(z,t)dz, \qquad (3.53)$$

où $P_a(z,t)$ est la force imposée à une aspérité subissant une pénétration initiale de $z - \delta_0$, calculée par les Eqs. 3.47 ou 3.51 selon le régime du contact.

Résultats et discussion

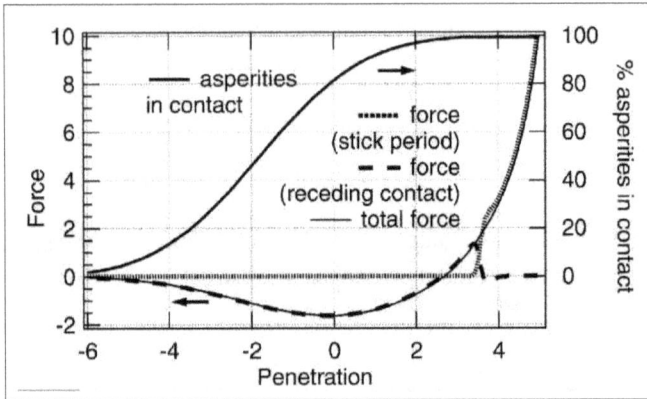

FIG. 3.7 – Histoire de la force durant la rupture d'adhésion sur une surface rugueuse montrant les contributions des aspérités dans la période de collage et lorsque le rayon de contact diminue. La proportion des aspérités en contact est indiquée sur l'échelle de droite.

La Figure 3.7 montre les résultats normalisés obtenus pour une surface rugueuse avec $\lambda = 5$, $\tilde{\delta}_0 = 5$, $k = 0.5$, $\tilde{\dot{\delta}} = -1$ et $\tilde{\sigma}_s = 2$, ces paramètres étant les paramètres normalisés en utilisant la normalisation de Maugis [182]. Initialement, la force est dominée par les aspérités dans la zone de collage. Une transition graduelle s'opère lorsque les aspérités les plus basses se décollent et leur rayon commence à diminuer. Dans ce cas, la force d'arrachement, définie par la valeur absolue du minimum de la force est atteinte lorsque 20 % des aspérités ont été arrachées.

La Figure 3.8 montre les résultats obtenus avec différentes valeurs de $\tilde{\sigma}_s$ allant de 0.1 à 5. Pour de faibles valeurs de $\tilde{\sigma}_s$, les résultats tendent vers ceux obtenus avec une seule aspérité car toutes les aspérités sont toutes quasiment identiques (même pénétration initiale). Lorsque $\tilde{\sigma}_s$ augmente, la force initiale de contact augmente comme prévu avec la limite du modèle JKR car la dépendance de la force initiale en fonction due la pénétration initiale pour une aspérité isolée est plus rapide qu'un comportement linéaire [180]. Dans le même temps, la durée du contact augmente et la force d'arrachement

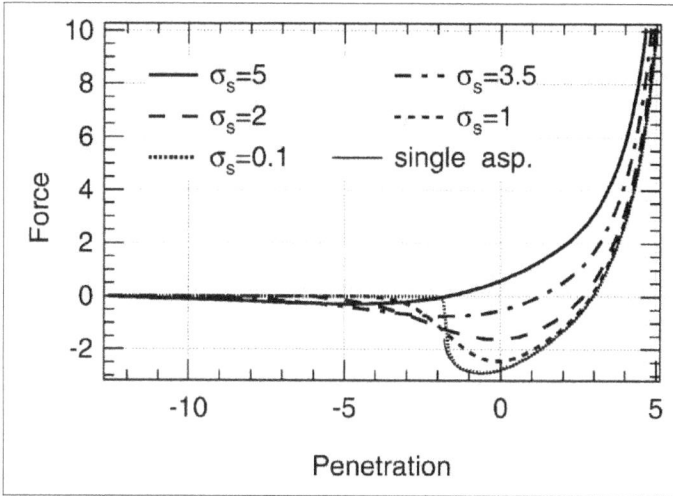

FIG. 3.8 – Evolution de la force pour différentes valeurs de rugosité $\tilde{\sigma}_s$, avec $\tilde{\delta}_0 = 5$ et $\dot{\tilde{\delta}} = -1$.

diminue avec la rugosité, comme dans le cas élastique [203]. En effet, pour une aspérité isolée, le temps d'arrachement augmente avec la pénétration initiale et lorsque $\tilde{\sigma}_s$ augmente, la distribution des temps d'arrachement s'étendent et les différentes aspérités contribuent de manière moins "constructive" à la force d'arrachement.

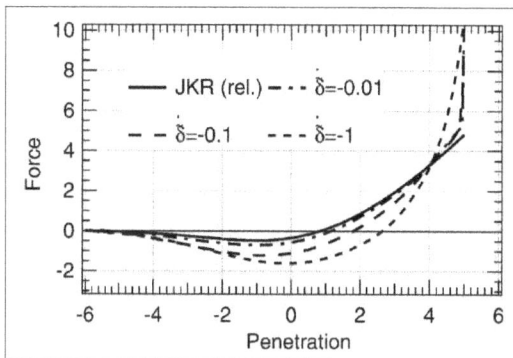

FIG. 3.9 – Evolution de la force pour de faibles valeurs de la vitesse d'arrachement $\dot{\tilde{\delta}}$ avec $\tilde{\sigma}_s = 2$. La limite élastique est aussi montrée avec le module relaxé.

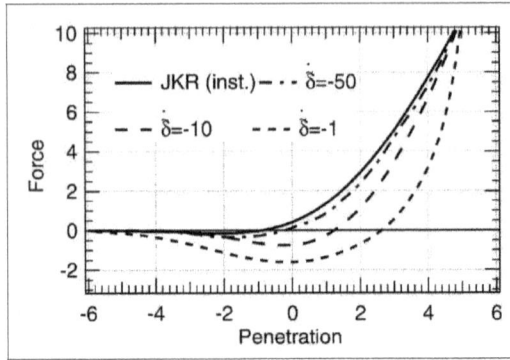

FIG. 3.10 – Evolution de la force pour de fortes valeurs de la vitesse d'arrachement $\dot{\tilde{\delta}}$ avec $\tilde{\sigma}_s = 2$. La limite élastique est aussi montrée avec le module instantané.

Les Figures 3.9 et 3.10 montrent l'évolution de la force pour différentes valeurs de la vitesse d'arrachement $\dot{\tilde{\delta}}$ allant de 0.1 à 10. On observe une transition lorsque l'on augmente la vitesse d'arrachement. Pour de faibles valeurs de la vitesse d'arrachement (Fig. 3.9), une diminution rapide de la force aux temps courts est due à la relaxation des contraintes de compression sous la zone de contact. Cette relaxation est suivie par un comportement quasiment élastique puisque la courbe est similaire à celle obtenue pour un comportement élastique en considérant le module relaxé. Pour des vitesses d'arrachement importantes (Fig. 3.10), le système tend vers un comportement purement élastique en considérant le module élastique instantané. Dans les deux limites de valeurs de la vitesse, le comportement de la force d'arrachement diffère car le module élastique à prendre en compte pour de faibles (respectivement fortes) vitesses d'arrachement est le module relaxé (respectivement instantané). Un module élastique plus important entraîne un paramètre d'adhésion λ plus élevé et une force d'adhésion plus faible [204, 203].

De plus, comme le montre les Figs. 3.9 et 3.10, la force d'arrachement augmente en fonction de $\dot{\tilde{\delta}}$ pour les faibles valeurs de la vitesse d'arrachement, atteint un maximum, puis décroit pour les faibles valeurs $\dot{\tilde{\delta}}$. La force d'arrachement atteint donc un maximum qui dépend des paramètres du contact (ici pour $\dot{\tilde{\delta}} \cong 1.2$). Ce phénomène intéressant peut être expliquer comme suit.

– Pour de faibles valeurs de $\dot{\tilde{\delta}}$, lorsque la vitesse d'arrachement augmente, la force d'arrachement augmente car la vitesse du rayon de contact $\dot{a}$ augmente, ce qui induit une augmentation des effets viscoélastiques de dissipation en pointe de fissure : l'adhésion effective augmente alors [189, 185, 186, 190, 192].

– Pour de fortes valeurs de $\dot{\tilde{\delta}}$, lorsque la vitesse d'arrachement augmente, la force d'arrachement diminue car la relaxation des contraintes de compression dans la zone de contact n'a pas le temps de s'effectuer durant la décharge. La force d'arrachement est donc moins forte car les contraintes de compression favorisent la rupture du contact.

La force d'arrachement maximale résulte donc d'un compromis entre les deux phénomènes décrits ci-dessus.

3.4 Perspectives

Les travaux décrits dans ce chapitre portent sur le développement d'un modèle du contact entre un milieu viscoélastique linéaire semi-infini et un matériau rigide en présence d'interactions adhésives. Un certain nombre d'hypothèses ont été effectuées afin de simplifier les calculs et de pouvoir traiter le cas d'une surface rugueuse.

Ces travaux ouvrent la voie à un certain nombre de perspectives. En particulier, nous souhaitons mettre à profit le calcul de la fonction g afin de calculer explicitement le champs de contraintes sous le contact, par exemple en utilisant des transformations inverses de Bessel [210] permettant de passer de l'espace réel à l'espace dual décrit par des transformées de Hankel. L'intérêt de ces travaux serait également de comprendre l'origine physique des phénomènes de dissipation d'énergie mécanique.

Les travaux réalisés restent assez théoriques et ils pourraient être mis en valeur dans le cadre d'applications spécifiques, notamment dans le cadre de la biomécanique ostéoarticulaire. Les modèles développés pourraient par exemple être développés afin de comprendre les phénomènes d'usures rencontrés dans le cadre de la biomécanique du cartilage. De même, ces modèles pourraient être mis à profit afin de mieux comprendre les déterminants physiques de la stabilité des prothèses ou des implants en modélisant le contact entre l'implant et l'os ou le tissu fibreux. Plus généralement, ces modèles (directs) pourraient être utilisés pour développer des procédures d'inversion destinée à estimer les paramètres physiques et mécaniques du contact à partir de la réalisation d'expériences de chargement.

Les travaux développés dans ce chapitre peuvent également être mis à profit dans le cadre du travail décrit dans le chapitre 2 afin de développer des techniques permettant d'estimer l'état de microfissuration de l'os. En effet, les microfissures augmentent la fragilité de l'os [211] tout en jouant un rôle important dans la mécanotransduction. Cependant, leurs effets sur les propriétés mécaniques de l'os sont encore mal compris [212] et peu explorés : à ce jour, l'accumulation de microfissures dans l'os est évaluée uniquement de façon invasive, *ex vivo* par histologie et histomorphométrie. De nouvelles techniques portant sur la caractérisation de la microfissuration liée à l'endommagement pourront être développées. Les méthodes ultrasonores linéaires classiques se sont récemment avérées insensibles à une rupture provoquée *in vitro* de la structure trabéculaire au calcanéum [213]. L'utilisation de méthodes ultrasonores non linéaires pourrait permettre une évaluation *in vivo* de la présence de microfissures. Aucune étude d'envergure n'a encore été entreprise, mais l'idée d'utiliser les ultrasons pour caractériser les microfissures dans l'os semble émerger comme l'indiquent des études préliminaires [214, 215]. Ces phénomènes sont par ailleurs exploités avec succès dans le domaine du contrôle non destructif pour caractériser les défauts présents dans divers matériaux industriels (voiir par exemple [216, 217]). Les modèles développés dans ce chapitre pourront être mis à profit en les étendant au cas d'un régime harmonique afin de prendre en compte l'interaction entre un champ ultrasonore et des fissures dans le cadre de modèles d'homogénéisation permettant de relier le degré d'endommagement aux non-linéarités de la réponse ultrasonore. Les lèvres de la fissure seront considérées comme des surfaces rugueuses à travers desquels le champs ultrasonore est transmis. De tels travaux ont été réalisés récemment dans le cadre de matériaux élastiques [218] en utilisant la théorie JKR et pourraient donc être étendus au cas de matériaux viscoélastique.

Table des figures

Liste des tableaux

Bibliographie

[1] J. Nadal, P. Calmon, and P. Benoist. Prediction of surface echo from a non-planar surface. *Ultrasonics.*, 34(2-5) :503–506, 1996.

[2] N. F. Haines and D. B. Langston. The reflection of ultrasonic pulses from surfaces. *J. Acoust. Soc. Am.*, 67(5) :1443–1454, 1980.

[3] M. Bilgen and J.H. Rose. Effects of one-dimensional random rough surfaces on ultrasonic backscatter : Utility of phase-screen and fresnel approximations. *J. Acoust. Soc. Am.*, 96(5) :2849–2855, 1994.

[4] J. E. Wilhjelm, P. C. Pedersen, and S. M. Jacobsen. The influence of roughness, angle, range, and transducer type on the echo signal from planar interfaces. *IEEE Trans Ultrason Ferroelectr Freq Control.*, 48(2) :511–21., 2001.

[5] K. Holman, M. Holland, J. Miller, P.B. Nagy, and J. Rose. Effective ultrasonic transmission coefficient for randomly rough surfaces. *J. Acoust. Soc. Am.*, 100(2) :832–839, 1996.

[6] M. Bilgen and J.H. Rose. Mean and variance of the ultrasonic signal from a scatterer beneath a rough surface : Theory. *J. Acoust. Soc. Am.*, 4 :2217–2225, 1995.

[7] M. Bilgen and J.H. Rose. Acoustic signal-to-noise ratio for an inclusion beneath a randomly rough surface and in the presence of microstructure. *J. Acoust. Soc. Am.*, 101(1) :272–280, 1997.

[8] M. Bilgen and J.H. Rose. Surface roughness and the ultrasonic detection of subsurface scatterers. *J. Appl. Phys.*, 73(2) :566–580, 1993.

[9] T. Krasnova, P. Jansson, and A. Bostrom. Ultrasonic wave propagation in an anisotropic cladding with a wavy interface. *Wave Motion.*, 41(2) :163–177, 2005.

[10] S. Halkjaer, M. P. Sorensen, and W. D. Kristensen. The propagation of ultrasound in an austenitic weld. *Ultrasonics.*, 38(1-8) :256–61., 2000.

[11] M. Fink. Time reversal of ultrasonic fields. i. basic principles. *IEEE Trans. Ultrason. Ferroelect. Freq. Contr.*, 39(5) :555–556, 1992.

[12] C. Draeger, D. Cassereau, and M. Fink. Theory of the time-reversal process in solids. *J. Acoust. Soc. Am.*, 102(3) :1289–1295, 1997.

[13] J.H. Rose, M. Bilgen, P. Roux, and M. Fink. Time-reversal mirrors and rough surfaces : Theory. *J. Acoust. Soc. Am.*, 106(2) :716–723, 1999.

[14] C. Chiou and L. W. Schmerr. New approaches to model-based ultrasonic flaw sizing. *J. Acoust. Soc. Am.*, 92(1) :435–444, 1992.

[15] N. Gengembre and A. Lhemery. Pencil method in elastodynamics - application to ultrasonic field computation. *Ultrasonics.*, 38 :495–499, 2000.

[16] J.D. Achenbach, A.K. Gautesen, and H. McMaken. *Ray Method for Waves in Elastic Solids with Applications to Scattering Cracks.* Pitman, (Boston), 1982.

[17] C. Aristegui and S. Baste. Optimal recovery of the elasticity tensor of general anisotropic materials from ultrasonic velocity data. *J. Acoust. Soc. Am.*, 101(2) :813–833, 1997.

[18] J.P. Weight. A model to predict the ultrasonic echo response of small targets in solids. *J. Acoust. Soc. Am.*, 94 :514–526, 1993.

[19] F. Padilla. *Dossier scientifique de demande d'habilitation à diriger des recherches.* PhD thesis, Université Paris 6, 2007.

[20] J. A. Kanis, L. J. Melton, C. Christiansen, C. C. Johnston, and N. Khaltaev. The diagnosis of osteoporosis. *J Bone Miner Res*, 9 :1137–41, 1994.

[21] TM Link, V Vieth, C Stehling, A Lotter, A Beer, D Newitt, and S Majumdar. High-resolution mri vs multislice spiral ct : which technique depicts the trabecular bone structure best ? *Eur Radiol*, 13 :663–671, 2003.

[22] L Duchemin, D Mitton, E Jolivet, V Bousson, JD Laredo, and W Skalli. An anatomical subject-specific fe-model for hip fracture load prediction. *Comput Methods Biomech Biomed Engin*, 11(2) :105–111, 2008.

[23] C. M. Langton, S. B. Palmer, and R. W. Porter. The measurement of broadband ultrasonic attenuation in cancellous bone. *Eng Med*, 13 :89–91, 1984.

[24] P. H. F. Nicholson, R. Müller, X. G. Cheng, P. Rüegsegger, G. Van der Perre, J. Dequeker, and S. Boonen. Quantitative ultrasound and trabecular architecture in the human calcaneus. *J Bone Miner Res.*, 16(10) :1886–1892, 2001.

[25] C. Chappard, P. Laugier, B. Fournier, C. Roux, and G. Berger. Assessment of the relationship between broadband ultrasound attenuation and bone mineral density at the calcaneus using bua imaging and dxa. *Osteoporosis. Int.*, 7(4) :316–322, 1997.

[26] D. Hans, P. Dargent-Molina, A. M. Schott, J. L. Sebert, C. Cormier, P. O. Kotzki, P. D. Delmas, J. M. Pouilles, G. Breart, and P. J. Meunier. Ultrasonographic heel measurements to predict hip fracture in elderly women : the epidos prospective study. *Lancet*, 348(9026) :511–4., 1996.

[27] C. F. Njeh, D. Hans, T. Fuerst, and H. K. Genant. *Quantitative ultrasound : Assessment of osteoporosis and bone status.* Martin Dunitz Ltd, London, 1999.

[28] S. Chaffai, F. Padilla, B. Berger, and P. Laugier. In vitro measurement of the frequency dependent attenuation in cancellous bone between 0,2 - 2 mhz. *J. Acoust. Soc. Am.*, 108 :1281–1289, 2000.

[29] K. A. Wear. Ultrasonic attenuation in human calcaneus from 0.2 to 1.7 MHz. *IEEE Trans. Ultrason. Ferroelect. Freq. Contr.*, 48(2) :602–8., 2001.

[30] S. Chaffai, F. Peyrin, S. Nuzzo, R. Porcher, G. Berger, and P. Laugier. Ultrasonic characterization of human cancellous bone using transmission and backscatter measurements : relationships to density and microstructure. *Bone.*, 30(1) :229–37., 2002.

[31] D. Hans, M. E. Arlot, A. M. Schott, J. P. Roux, P. O. Kotzki, and P. J. Meunier. Do ultrasound measurements on the os calcis reflect more the bone microarchitecture than the bone mass ? : a two-dimensional histomorphometric study. *Bone.*, 16(3) :295–300, 1995.

[32] P. H. F. Nicholson, R. Müller, X. G. Cheng, P. Rüegsegger, G. Van der Perre, J. Dequeker, and S. Boonen. Quantitative ultrasound and trabecular architecture in the human calcaneus. *J Bone Miner Res.*, 16(10) :1886–1892, 2001.

[33] P Droin, G Berger, and P Laugier. Velocity dispersion of acoustic waves in cancellous bone. *IEEE Trans Ultrason Ferroelec Freq Contr*, 45(3) :581–592, 1998.

[34] P H F Nicholson, G Lowet, C M Langton, J Dequeker, and G Van der Perre. A comparison of time-domain and frequency domain approaches to ultrasonic velocity measurement in trabecular bone. *Phys Med Biol*, 41 :2421–2435, 1996.

[35] R. Strelitzki and J. A. Evans. On the measurement of the velocity of ultrasound in the os calcis using short pulses. *Eur J Ultrasound*, 4 :205–213, 1996.

[36] K. A. Wear. A stratified model to predict dispersion in trabecular bone. *IEEE Trans. Ultrason. Ferroelect. Freq. Contr.*, 48(4) :1079–1083, 2001.

[37] Z. E. Fellah, J. Y. Chapelon, S. Berger, W. Lauriks, and C. Depollier. Ultrasonic wave propagation in human cancellous bone : application of biot theory. *J. Acoust. Soc. Am.*, 116(1) :61–73., 2004.

[38] A. Hosokawa and T. Otani. Ultrasonic wave propagation in bovine cancellous bone. *J. Acoust. Soc. Am.*, 101(1) :1–5, 1997.

[39] A. Hosokawa and T. Otani. Acoustic anisotropy in bovine cancellous bone. *J. Acoust. Soc. Am.*, 103(5) :2718–2722, 1998.

[40] M. Rupprecht, P. Pogoda, M. Mumme, J. M. Rueger, K. Puschel, and M. Amling. Bone microarchitecture of the calcaneus and its changes in aging : a histomorphometric analysis of 60 human specimens. *J. Orthop. Res.*, 24(4) :664–74., 2006.

[41] R. Barkmann, P. Laugier, U. Moser, S. Dencks, M. Klausner, F. Padilla, G. Haiat, and C. C. Glüer. A device for in vivo measurements of quantitative ultrasound variables at the human proximal femur. *IEEE Trans Ultrason Ferroelectr Freq Control*, 55(6) :1197–1204, 2008.

[42] R. Barkmann, P. Laugier, U. Moser, S. Dencks, M. Klausner, F. Padilla, G. Haiat, M. Heller, and C. C. Gluer. In vivo measurements of ultrasound transmission through the human proximal femur. *Ultrasound Med Biol*, 34(7) :1186–1190, 2008.

[43] P. M. Mayhew, C. D. Thomas, J. G. Clement, N. Loveridge, T. J. Beck, W. Bonfield, C. J. Burgoyne, and J. Reeve. Relation between age, femoral neck cortical stability, and hip fracture risk. *Lancet*, 366(9480) :129–35, 2005.

[44] K. A. Wear. A numerical method to predict the effects of frequency-dependent attenuation and dispersion on speed of sound estimates in cancellous bone. *J. Acoust. Soc. Am.*, 109(3) :1213–1218, 2001.

[45] K. A. Wear. The effects of frequency-dependant attenuation and dispersion on sound speed measurements : applications in human trabecular bone. *IEEE Trans. Ultrason. Ferroelect. Freq. Contr.*, 47(1) :265–273, 2000.

[46] F. Padilla, L. Akrout, S. Kolta, C. Latremouille, C. Roux, and P. Laugier. In vitro ultrasound measurement at the human femur. *Calcif. Tissue. Int.*, 75(5) :421–30, 2004.

[47] M. O'Donnell, E. T. Jaynes, and J. G. Miller. General relationships between ultrasonic attenuation and dispersion. *J. Acoust. Soc. Am.*, 63(6), 1978.

[48] M. O'Donnell, E. T. Jaynes, and J. G. Miller. Kramers-kronig relationship between ultrasonic attenuation and phase velocity. *Journal of the Acoustical Society of America*, 69(3) :696–701, 1981.

[49] K. R. Waters, J. Mobley, and J. G. Miller. Causality-imposed (kramers-kronig) relationships between attenuation and dispersion. *IEEE Trans Ultrason Ferroelectr Freq Control.*, 52(5) :822–833, 2005.

[50] KA Wear. Measurements of phase velocity and group velocity in human calcaneus. *Ultrasound. Med. Biol.*, 26(4) :641–646, 2000.

[51] W. Pistoia, B. van Rietbergen, A. Laib, and P. Ruegsegger. High-resolution three-dimensional-pqct images can be an adequate basis for in-vivo microfe analysis of bone. *J Biomech Eng*, 123(2) :176–83., 2001.

[52] G. Luo, J. J. Kaufman, A. Chiabrera, B. Bianco, J. H. Kinney, D. Haupt, J. T. Ryaby, and R. S. Siffert. Computational methods for ultrasonic bone assessment. *Ultrasound Med Biol*, 25(5) :823–30., 1999.

[53] A. Hosokawa. Simulation of ultrasound propagation through bovine cancellous bone using elastic and biot's finite-difference time-domain methods. *J Acoust Soc Am*, 118(3 Pt 1) :1782–9., 2005.

[54] E. Bossy, M. Talmant, and P. Laugier. Three-dimensional simulations of ultrasonic axial transmission velocity measurement on cortical bone models. *J Acoust Soc Am*, 115(5 Pt 1) :2314–24., 2004.

[55] E Bossy, F Padilla, F Peyrin, and P. Laugier. Three-dimensional simulation of ultrasound propagation through trabecular bone structures measured by synchrotron microtomography. *Phys Med Biol.*, 50(23) :5545–5556, 2005.

[56] E. Bossy, P. Laugier, F. Peyrin, and F. Padilla. Attenuation in trabecular bone : A comparison between numerical simulation and experimental results in human femur. *J Acoust Soc Am.*, 122(4) :2469–75., 2007.

[57] L. M. Salamone, E. A. Krall, S. Harris, and B. Dawson-Hughes. Comparison of broadband ultrasound attenuation to single x-ray absorptiometry measurements at the calcaneus in postmenopausal women. *Calcif Tissue Int.*, 54 :87–90, 1994.

[58] S. Hengsberger, A. Kulik, and P. Zysset. A combined atomic force microscopy and nanoindentation technique to investigate the elastic properties of bone structural units. *Eur Cell Mater.*, 1 :12–7, 2001.

[59] P. K. Zysset, X. E. Guo, C. E. Hoffler, K. E. Moore, and S. A. Goldstein. Mechanical properties of human trabecular bone lamellae quantified by nanoindentation. *Technol Health Care.*, 6(5-6) :429–32, 1998.

[60] E. F. Morgan, H. H. Bayraktar, and T. M. Keaveny. Trabecular bone modulus-density relationships depend on anatomic site. *J Biomech.*, 36(7) :897–904., 2003.

[61] S. Khosla, B. L. Riggs, E. J. Atkinson, A. L. Oberg, L. J. Mcdaniel, M. Holets, J. M. Peterson, and 3rd Melton, L. J. Effects of sex and age on bone microstructure at the ultradistal radius : a population-based noninvasive in vivo assessment. *J Bone Miner Res.*, 21(1) :124–31, 2006.

[62] RW Graves. Simulating seismic wave propagation in 3d elastic media using staggered-grid finite differences. *Bull. Seismol. Soc. Am.*, 86 :1091–1106, 1996.

[63] F. Jenson, F. Padilla, V. Bousson, C. Bergot, J. D. Laredo, and P. Laugier. In vitro ultrasonic characterization of human cancellous femoral bone using transmission and backscatter measurements : relationships to bone mineral density. *J Acoust Soc Am.*, 119(1) :654–63, 2006.

[64] P. Laugier, P . Droin, A. M. Laval-Jeantet, and G. Berger. In vitro assessment of the relationship between acoustic properties and bone mass density of the calcaneus by comparison of ultrasound parametric imaging and QCT. *Bone.*, 20 :157–165, 1997.

[65] L J Gibson. The mechanical behaviour of cancellous bone. *J. Biomech*, 18(5) :317–328, 1985.

[66] D. P. Fyhrie and D. Vashishth. Bone stiffness predicts strength similarly for human vertebral cancellous bone in compression and for cortical bone in tension. *Bone*, 26(2) :169–73, 2000.

[67] T. M. Keaveny, E. F. Wachtel, C. M. Ford, and W. C. Hayes. Differences between the tensile and compressive strengths of bovine tibial trabecular bone depend on modulus. *J Biomech.*, 27(9) :1137–46., 1994.

[68] S. A. Goldstein, D. L. Wilson, D. A. Sonstegard, and L. S. Matthews. The mechanical properties of human tibial trabecular bone as a function of metaphyseal location. *J Biomech.*, 16(12) :965–9., 1983.

[69] R. Hodgskinson and J. D. Currey. Separates effects of osteoporosis and density on the strength and stiffness of human cancellous bone. *Clin Biomech.*, 8(12) :262–268., 1993.

[70] R. W. Goulet, S. A. Goldstein, M. J. Ciarelli, J. L. Kuhn, M. B. Brown, and L. A. Feldkamp. The relationship between the structural and orthogonal compressive properties of trabecular bone. *J Biomech.*, 27(4) :375–89., 1994.

[71] F. Linde and I. Hvid. The effect of constraint on the mechanical behaviour of trabecular bone specimens. *J Biomech.*, 22(5) :485–90., 1989.

[72] D. L. Kopperdahl and T. M. Keaveny. Yield strain behavior of trabecular bone. *J Biomech.*, 31(7) :601–8., 1998.

[73] L. Mosekilde, L. Mosekilde, and C. C. Danielsen. Biomechanical competence of vertebral trabecular bone in relation to ash density and age in normal individuals. *Bone.*, 8(2) :79–85., 1987.

[74] J. C. Lotz, E. J. Cheal, and W. C. Hayes. Stress distributions within the proximal femur during gait and falls : implications for osteoporotic fracture. *Osteoporos Int.*, 5(4) :252–61., 1995.

[75] R. B. Ashman, S. C. Cowin, W. C. Van Buskirk, and J. C. Rice. A continuous wave technique for the mesurement of the elastic properties of cortical bone. *J Biomech.*, 17 :349–361, 1984.

[76] J. Homminga, B. R. McCreadie, H. Weinans, and R. Huiskes. The dependence of the elastic properties of osteoporotic cancellous bone on volume fraction and fabric. *J Biomech.*, 36(10) :1461–7, 2003.

[77] J. Homminga, B. R. McCreadie, T. E. Ciarelli, H. Weinans, S. A. Goldstein, and R. Huiskes. Cancellous bone mechanical properties from normals and patients with hip fractures differ on the structure level, not on the bone hard tissue level. *Bone.*, 30(5) :759–64, 2002.

[78] Daniel Royer Eugène Dieulesaint. *Ondes Élastiques Dans Les Solides, Tome 1 : Propagation Libre et Guidée.* Enseignement de la Physique. Masson, (Paris), 1996.

[79] P. K. Zysset. A review of morphology-elasticity relationships in human trabecular bone : theories and experiments. *J Biomech.*, 36(10) :1469–85., 2003.

[80] P. K. Zysset and A. Curnier. A 3D damage model for trabecular bone based on fabric tensors. *J Biomech.*, 29(12) :1549–58., 1996.

[81] Y. Chevalier, D. Pahr, H. Allmer, M. Charlebois, and Zysset P. Validation of a voxel-based FE method for prediction of the uniaxial apparent modulus of human trabecular bone using macroscopic mechanical tests and nanoindentation. *J Biomech.*, 40(15) :3333–40., 2007.

[82] M. A. Biot. Theory of propagation of elastic waves in a fluid-satured porous solid. ii. higher frequency range. *J Acoust Soc Am*, 28(2) :179–191, 1956.

[83] M. A. Biot. Theory of propagation of elastic waves in a fluid-satured porous solid. i. low-frequency range. *J Acoust Soc Am*, 28(2) :168–178, 1956.

[84] J. L. Williams. Ultrasonic wave propagation in cancellous and cortical bone : Prediction of experimental results by biot's theory. *J Acoust Soc Am*, 91(2) :1106–1112, 1992.

[85] K. A. Wear, A. Laib, A. P. Stuber, and J. C. Reynolds. Comparison of measurements of phase velocity in human calcaneus to biot theory. *J Acoust Soc Am.*, 117(5) :3319–24., 2005.

[86] K. I. Lee and S. W. Yoon. Comparison of acoustic characteristics predicted by Biot's theory and the modified Biot-Attenborough model in cancellous bone. *J Biomech.*, 39(2) :364–8. Epub 2005 Jan 28., 2006.

[87] M. Kaczmarek, J. Kubik, and M. Pakula. Short ultrasonic waves in cancellous bone. *Ultrasonics.*, 40(1-8) :95–100., 2002.

[88] L. Cardoso, F. Teboul, L. Sedel, C. Oddou, and A. Meunier. In vitro acoustic waves propagation in human and bovine cancellous bone. *J Bone Miner Res*, 18(10) :1803–12., 2003.

[89] E. R. Hughes, T. G. Leighton, G. W. Petley, and P. R. White. Ultrasonic propagation in cancellous bone : a new stratified model. *Ultrasound Med Biol.*, 25(5) :811–21., 1999.

[90] C. A. Simmons and J. A. Hipp. Method-based differences in the automated analysis of the three-dimensional morphology of trabecular bone. *J Bone Miner Res.*, 12(6) :942–7., 1997.

[91] K. Marutyan, M. Holland, and J. Miller. Anomalous negative dispersion in bone can result from the interference of fast and slow waves. *J Acoust Soc Am*, 120(5) :EL55–EL61, 2006.

[92] T. Otani, I. Mano, and Tsujimoto T. Estimation of in vivo cancellous bone elasticity. *J Acoust Soc Am.*, 123 :3632, 2008.

[93] K. Mizuno, H. Soumiya, M. Matsukawa, T. Otani, M. Takada, I. Mano, and Tsujimoto T. A continuous wave technique for the mesurement of the elastic properties of cortical bone. *J Acoust Soc Am.*, 123 :3635, 2008.

[94] Y. Nagatani, K. Mizuno, T. Saeki, M. Matsukawa, T. Sakaguchi, and H. Hosoi. Numerical and experimental study on the wave attenuation in bone - FDTD simulation of ultrasound propagation in cancellous bone. *Ultrasonics*, 13 :13, 2008.

[95] T. Saeki, M. Emura, K. Mizuno, M. Matsukawa, and Y. Nagatani. Effects of bone marrow on the ultrasonic propagation in the cancellous bone - Comparative study on experiment and simulation. *J Acoust Soc Am.*, 123(5) :3637., 2008.

[96] F. S. Foster, C. J. Pavlin, K. A. Harasiewicz, D. A. Christopher, and D. H. Turnbull. Advances in ultrasound biomicroscopy. *Ultrasound Med Biol.*, 26(1) :1–27., 2000.

[97] J. A. Ketterling, J. Mamou, 3rd Allen, J. S., O. Aristizabal, R. G. Williamson, and D. H. Turnbull. Excitation of polymer-shelled contrast agents with high-frequency ultrasound. *J Acoust Soc Am.*, 121(1) :EL48–53., 2007.

[98] F. S. Foster, M. Y. Zhang, Y. Q. Zhou, G. Liu, J. Mehi, E. Cherin, K. A. Harasiewicz, B. G. Starkoski, L. Zan, D. A. Knapik, and S. L. Adamson. A new ultrasound instrument for in vivo microimaging of mice. *Ultrasound Med Biol.*, 28(9) :1165–72., 2002.

[99] M. Berson, J. M. Gregoire, F. Gens, J. Rateau, F. Jamet, L. Vaillant, F. Tranquart, and L. Pourcelot. High frequency (20 MHz) ultrasonic devices : advantages and applications. *Eur J Ultrasound.*, 10(1) :53–63., 1999.

[100] D. E. Goertz, J. L. Yu, R. S. Kerbel, P. N. Burns, and F. S. Foster. High-frequency Doppler ultrasound monitors the effects of antivascular therapy on tumor blood flow. *Cancer Res.*, 62(22) :6371–5., 2002.

[101] C.C. Church. The effects of an elastic solid surface layer on the radial pulsations of gas bubbles. *J Acoust Soc Am.*, 97(3) :1510–1521, 1995.

[102] E. Stride and N. Saffari. Investigating the significance of multiple scattering in ultrasound contrast agent particle populations. *IEEE Trans Ultrason Ferroelectr Freq Control.*, 52(12) :2332–45., 2005.

[103] J. Mobley. The time-domain signature of negative acoustic group velocity in microsphere suspensions. *J. Acoust. Soc. Am.*, 122(1) :EL8–14., 2007.

[104] R. J. Urick. A sound velocity method for determining the compressibility of finely divided sustances. *J Appl Phys.*, 18 :983–987, 1947.

[105] Y. Sun, D. E. Kruse, P. A. Dayton, and K. W. Ferrara. High-frequency dynamics of ultrasound contrast agents. *IEEE Trans Ultrason Ferroelectr Freq Control.*, 52(11) :1981–91., 2005.

[106] L. Hoff, P. C. Sontum, and J. M. Hovem. Oscillations of polymeric microbubbles : effect of the encapsulating shell. *J Acoust Soc Am.*, 107(4) :2272–80., 2000.

[107] K. Sarkar, W. T. Shi, D. Chatterjee, and F. Forsberg. Characterization of ultrasound contrast microbubbles using in vitro experiments and viscous and viscoelastic interface models for encapsulation. *J Acoust Soc Am.*, 118(1) :539–50., 2005.

[108] K. A. Wear. The dependence of time-domain speed-of-sound measurements on center frequency, bandwidth, and transit-time marker in human calcaneus in vitro. *J. Acoust. Soc Am.*, 122(1) :636–44., 2007.

[109] F. Jenson, F. Padilla, and P. Laugier. Prediction of frequency-dependent ultrasonic backscatter in cancellous bone using statistical weak scattering model. *Ultrasound Med Biol*, 29(3) :455–64., 2003.

[110] F. Padilla, F. Peyrin, and P. Laugier. Prediction of backscatter coefficient in trabecular bones using a numerical model of three-dimensional microstructure. *J Acoust Soc Am.*, 113(2) :1122–9., 2003.

[111] K. A. Wear. Frequency dependence of ultrasonic backscatter from human trabecular bone : theory and experiment. *J. Acoust. Soc. Am.*, 106(6) :3659–3664, 1999.

[112] K. A. Wear. Measurement of dependence of backscatter coefficient from cylinders on frequency and diameter using focused transducers–with applications in trabecular bone. *J. Acoust. Soc. Am.*, 115(1) :66–72., 2004.

[113] F. Luppé, J. M. Conoir, and H. Franklin. Multiple scattering in a trabecular bone : influence of the marrow viscosity on the effective properties. *J. Acoust. Soc. Am.*, 113(5) :2889–92., 2003.

[114] F. Luppé, J. M. Conoir, and H. Franklin. Scattering by a fluid cylinder in a porous medium : application to trabecular bone. *J. Acoust. Soc. Am.*, 111(6) :2573–82., 2002.

[115] A. Derode, M. Mamou, F. Padilla, Jenson F., and P. Laugier. Dynamic coherent backscattering in a heterogeneous absorbing medium : Application to human trabecular bone characterization. *Appl. Phys. Lett.*, 87(11) :114101, 2005.

[116] R.B. Yang and A.K. Mal. Multiple-scattering of elastic waves in a fiber-reinforced composite. *J. Mech. Phys. Solids.*, 42(12) :1945–1968, 1994.

[117] K. A. Wear. The dependencies of phase velocity and dispersion on trabecular thickness and spacing in trabecular bone-mimicking phantoms. *J. Acoust. Soc. Am.*, 118(2) :1186–92., 2005.

[118] H. Rico. The therapy of osteoporosis and the importance of cortical bone. *Calcif Tissue Int*, 61 :431–432, 1997.

[119] J.-Y. Rho, L. Kuhn-Spearing, and P. Zioupos. Mechanical properties and the hierarchical structure of bone. *Med Eng Phys*, 20 :92 102, 1998.

[120] S. C. Cowin. *Bone Mechanics*. CRC Press, Boca Raton, 1989.

[121] P. Laugier. Quantitative ultrasound of bone : looking ahead. *Joint Bone Spine*, 73 :125–128, 2006.

[122] J. A. Kanis. Diagnosis of osteoporosis and assessment of fracture risk. *Lancet*, 359 :1929–1936, 2002.

[123] P. Moilanen, P. H. F. Nicholson, T. Kärkkäinen, Q. Wang, J. Timonen, and S. Cheng. Assessment of the tibia using ultrasonic guided waves in pubertal girls. *Osteoporos Int*, 14 :1020–1027, 2003.

[124] A. Tatarinov, N. Sarvazyan, and A. Sarvazyan. Use of multiple acoustic wave modes for assessment of long bones : model study. *Ultrasonics*, 43(8) :672–80, 2005.

[125] K. Raum, I. Leguerney, F. Chandelier, E. Bossy, M. Talmant, A. Saied, F. Peyrin, and P. Laugier. Bone microstructure and elastic tissue properties are reflected in qus axial transmission measurements. *Ultrasound Med Biol*, 31(9) :1225–35, 2005.

[126] E. Bossy, M. Talmant, M. Defontaine, F. Patat, and P. Laugier. Bidirectional axial transmission can improve accuracy and precision of ultrasonic velocity measurement in cortical bone : a validation on test materials. *IEEE Trans Ultrason Ferroelectr Freq Control*, 51(1) :71–9., 2004.

[127] M. R. Stegman, R. P. Heaney, D. Travers-Gustafson, and J. Leist. Cortical ultrasound velocity as an indicator of bone status. *Osteoporos Int*, 5(5) :349–353, 1995.

[128] R. Barkmann, E. Kantorovich, C. Singal, D. Hans, H. K. Genant, M. Heller, and C. C. Gluer. A new method for quantitative ultrasound measurements at multiple skeletal sites : first results of precision and fracture discrimination. *J Clin Densitom*, 3(1) :1–7, 2000.

[129] D. Hans, S. K. Srivastav, C. Singal, R. Barkmann, C. F. Njeh, E. Kantorovich, C. C. Gluer, and H. K. Genant. Does combining the results from multiple bone sites measured by a new quantitative ultrasound device improve discrimination of hip fracture ? *J Bone Miner Res*, 14(4) :644–651, 1999.

[130] S. Han, J. Rho, J. Medige, and I. Ziv. Ultrasound velocity and broadband attenuation over a wide range of bone mineral density. *Osteoporos Int*, 6(4) :291–6., 1996.

[131] L. Serpe and J. Rho. The nonlinear transition period of broadband ultrasound attenuation as bone density varies. *J Biomech*, 29(7) :963–966, 1996.

[132] C. M. Langton, A. V. Ali, C. M. Riggs, J. A. Evans, and W. Bonfield. A contact method for the assessment of ultrasonic velocity and broadband attenuation in cortical and cancellous bone. *Clin Phys Physiol Meas*, 11(3) :243–249, 1990.

[133] R. S. Lakes, H. S. Yoon, and J. L. Katz. Ultrasonic wave propagation and attenuation in wet bone. *J Biomed Eng*, 8 :143–148, 1986.

[134] S. Lees and D. Z. Klopholz. Sonic velocity and attenuation in wet compact cow femur for the frequency range 5 to 100 MHz. *Ultrasound Med Biol*, 18(3) :303–308, 1992.

[135] Y. Yamato, M. Matsukawa, T. Otani, K. Yamazaki, and A. Nagano. Distribution of longitudinal wave properties in bovine cortical bone in vitro. *Ultrasonics.*, 44(Suppl 1) :e233–7. Epub 2006 Jul 5., 2006.

[136] Y. Yamato, M. Matsukawa, H. Mizukawa, T. Yanagitani, K. Yamazaki, and A. Nagano. Distribution of hydroxyapatite crystallite orientation and ultrasonic wave velocity in ring-shaped cortical bone of bovine femur. *IEEE Trans Ultrason Ferroelectr Freq Control.*, 55(6) :1298–303., 2008.

[137] Y. Yamato, M. Matsukawa, T. Yanagitani, K. Yamazaki, H. Mizukawa, and A. Nagano. Correlation between hydroxyapatite crystallite orientation and ultrasonic wave velocities in bovine cortical bone. *Calcif Tissue Int.*, 82(2) :162–9. Epub 2008 Feb 2., 2008.

[138] K. R. Waters, M. S. Hughes, G. H. Brandeburger, and J. G. Miller. On the applicability of kramers-kronig relations for ultrasonic attenuation obeying a frequency power law. *J. Acoust. Soc. Am.*, 108(2) :556–563, 2000.

[139] A. J. Foldes, A. Rimon, D. D. Keinan, and M. M. Popovtzer. Quantitative ultrasound of the tibia : a novel approach for assessment of bone status. *Bone*, 17(4) :363–367, 1995.

[140] F. Lefebvre, Y. Deblock, P. Campistron, D. Ahite, and J. J. Fabre. Development of a new ultrasonic technique for bone and biomaterials *in vitro* characterization. *J Biomed Mater Res*, 63(4) :441–446, 2002.

[141] V. C. Protopappas, D. I. Fotiadis, and K. N. Malizos. Guided ultrasound wave propagation in intact and healing long bones. *Ultrasound Med Biol*, 32(5) :693–708, 2006.

[142] P. Moilanen, P. H. Nicholson, V. Kilappa, S. Cheng, and J. Timonen. Measuring guided waves in long bones : modeling and experiments in free and immersed plates. *Ultrasound Med Biol*, 32(5) :709–719, 2006.

[143] P. Moilanen, P. H. Nicholson, V. Kilappa, S. Cheng, and J. Timonen. Assessment of the cortical bone thickness using ultrasonic guided waves : modelling and *in vitro* study. *Ultrasound Med Biol*, 33(2) :254–262, 2007.

[144] J.-L. Mari, F. Glangeaud, and F. Coppens. *Traitement du signal pour géologues et géophysiciens*. Edition Technip, Paris, 2001.

[145] C. D. Thomas, S. A. Feik, and J. G. Clement. Regional variation of intracortical porosity in the midshaft of the human femur : age and sex differences. *J Anat.*, 206 :115–25, 2005.

[146] V. Bousson, A. Meunier, C. Bergot, E. Vicaut, M. A. Rocha, M. H. Morais, Laval-Jeantet A. M., and Laredo J. D. Distribution of intracortical porosity in human midfemoral cortex by age and gender. *J Bone Miner Res.*, 16 :1308–17, 2001.

[147] A. Fritsch and C. Hellmich. 'Universal' microstructural patterns in cortical and trabecular, extracellular and extravascular bone materials : micromechanics-based prediction of anisotropic elasticity. *J Theor Biol.*, 244(4) :597–620. Epub 2006 Sep 17., 2007.

[148] P. Ammann and R. Rizzoli. Bone strength and its determinants. *Osteoporos Int.*, 14(Suppl 3) :S13–8. Epub 2003 Mar 19., 2003.

[149] E. Bossy, M. Talmant, and P. Laugier. Effect of bone cortical thickness on velocity measurements using ultrasonic axial transmission : a 2D simulation study. *J Acoust Soc Am*, 112(1) :297–307, 2002.

[150] X. N. Dong and X. E. Guo. The dependence of transversely isotropic elasticity of human femoral cortical bone on porosity. *J Biomech.*, 37(8) :1281–7., 2004.

[151] A.H. Nayfeh and D.E. Chimenti. Ultrasonic wave reflection from liquid-coupled orthotropic plates with application to fibrous composites. *J. Appl. Mech.*, 55 :863–870, 1988.

[152] A.H. Nayfeh and D.E. Chimenti. Free wave propagation in plates of general anisotropic media. *J. Appl. Mech.*, 56 :881–886, 1989.

[153] C. Baron, M. Talmant, and P. Laugier. Effect of porosity on effective diagonal stiffness coefficients (cii) and elastic anisotropy of cortical bone at 1 MHz : a finite-difference time domain study. *J Acoust Soc Am.*, 122(3) :1810., 2007.

[154] L D Piveteau, B Gasser, and L Schlapbach. Evaluating mechanical adhesion of sol-gel titanium dioxide coatings containing calcium phosphate for metal implant application. *Biomaterials*, 21(21) :2193–2201, Nov 2000.

[155] Zvi Schwartz, Erez Nasazky, and Barbara D Boyan. Surface microtopography regulates osteointegration : the role of implant surface microtopography in osteointegration. *Alpha Omegan*, 98(2) :9–19, Jul 2005.

[156] E Ebramzadeh, S N Sangiorgio, D B Longjohn, C F Buhari, and L D Dorr. Initial stability of cemented femoral stems as a function of surface finish, collar, and stem size. *J Bone Joint Surg Am*, 86-A(1) :106–115, Jan 2004.

[157] J. N. Israelachvili. *Intermolecular and Surface Forces*. Academic Press, San Diego, 1992.

[158] J Lee, A Ishihara, G Oxford, B Johnson, and K Jacobson. Regulation of cell movement is mediated by stretch-activated calcium channels. *Nature*, 400(6742) :382–386, Jul 1999.

[159] B. N. J. Persson and F. Mugele. Squeeze-out and wear : Fundamental principles and applications. *J. phys., Condens. matter*, 16(10) :R295, 2004.

[160] P Roy, W M Petroll, H D Cavanagh, and J V Jester. Exertion of tractional force requires the coordinated up-regulation of cell contractility and adhesion. *Cell Motil Cytoskeleton*, 43(1) :23–34, 1999.

[161] C A Bippes, A Humphris, M Stark, D J Muller, and H Janovjak. Direct measurement of single-molecule visco-elasticity in atomic force microscope force-extension experiments. *Eur Biophys J*, 35(3) :287–292, 2006.

[162] A. Ghatak, L. Mahadevan, J. Y. Chung, M. K. Chaudhury, and V. Shenoy. Peeling from a biomimetically patterned thin elastic film. *Proc. Roy. Soc. A*, 460 :2725–2735, 2004.

[163] D. Le Guillou-Buffello, G. Helary, M. Gindre, G. Pavon-Djavid, P. Laugier, and V. Migonney. Monitoring cell adhesion processes on bioactive polymers with the quartz crystal resonator technique. *Biomaterials*, 26(19) :4197–4205, 2005.

[164] A Schneider, G Francius, R Obeid, P Schwinte, J Hemmerle, B Frisch, P Schaaf, J Voegel, B Senger, and C Picart. Polyelectrolyte multilayers with a tunable Young's modulus : influence of film stiffness on cell adhesion. *Langmuir*, 22(3) :1193–1200, 2006.

[165] S Gorb, Y Jiao, and M Scherge. Ultrastructural architecture and mechanical properties of attachment pads in Tettigonia viridissima (Orthoptera Tettigoniidae). *J Comp Physiol [A]*, 186(9) :821–831, Sep 2000.

[166] R Santos, S Gorb, V Jamar, and P Flammang. Adhesion of echinoderm tube feet to rough surfaces. *J Exp Biol*, 208(Pt 13) :2555–2567, Jul 2005.

[167] M Scherge and S Gorb. *Biological Micro and Nano Tribology*. Springer, Berlin, 2001.

[168] BNJ Persson. On the mechanism of adhesion in biological systems. *J. chem. phys*, 118(16) :7614 – 7621, 2003.

[169] BNJ Persson and S Sorb. The effect of surface roughness on the adhesion of elastic plates with application to biological systems. *J. chem. phys*, 119(21) :11437 – 11444, 2003.

[170] N P Padture, M Gell, and E H Jordan. Thermal barrier coatings for gas-turbine engine applications. *Science*, 296(5566) :280–284, Apr 2002.

[171] SM Turner KT, Spearing. Modeling of direct wafer bonding : Effect of wafer bow and etch patterns. *J. appl. phys.*, 92(12) :7658 – 7666, 2002.

[172] C. Creton and L. Leibler. How does tack depend on time of conact and contact pressure. *J. polym. sci., Part B, Polym. phys.*, 34(3) :545 – 554, 1996.

[173] C. Y. Hui, Y. Y. Lin, and J. M. Baney. The mechanics of tack : Viscoelastic contact on a rough surface. *J. polym. sci., Part B, Polym. phys*, 38(11) :1485 – 1495, 2000.

[174] H. Hertz. Über die berührung fester elastische körper. *J. reine und angewandte Mathematik*, 92 :156, 1882.

[175] J. Boussinesq. *Application des Potentiels à l'Etude de l'Equilibre et du Mouvement des Solides Elastiques*. Gauthier-Villars, Paris, 1885.

[176] B. V. Derjaguin. Untersuchungen über die reibung und adhäsion. *Kolloid Z.*, 69 :155, 1934.

[177] EH Lee and JRM Radok. The contact problems for viscoelastic bodies. *J. Appl. Mech*, 27 :438–444, 1960.

[178] T. C. T. Ting. The contact stress between a rigid indenter and a viscoelastic half-space. *J. Appl. Mech.*, 33 :845, 1966.

[179] GAC Graham. The contact problem in the linear theory of viscoelasticity. *Int J Eng Sci*, 3 :27, 1965.

[180] K. L. Johnson, K. Kendall, and A. D. Roberts. Surface energy and the contact of elastic solids. *Proc. Roy. Soc. London A*, 324 :301, 1971.

[181] B. V. Derjaguin, V. M. Muller, and Yu. P. Toporov. Effect of contact deformation on the adhesion of particles. *J. Colloid Interface Sci.*, 53 :314, 1975.

[182] D. Maugis. Adhesion of spheres : the jkr-dmt transition using a dugdale model. *J. Colloid Interface Sci*, 150 :243, 1992.

[183] RW Carpick, DF Ogletree, and Salmeron M. A general equation for fitting contact area and friction vs load measurements. *J. colloid interface sci*, 211(2) :395–400, 1999.

[184] J. A. Greenwood and K. L. Johnson. An alternative to the maugis model of adhesion between elastic spheres. *J. Phys. D : Appl. Phys.*, 31 :3279–3290, 1998.

[185] RA Schapery. A theory of crack initiation and growth in viscoelastic media II. approximate methods of analysis. *Int J Fract*, 3 :369–388, 1975.

[186] RA Schapery. A theory of crack initiation and growth in viscoelastic media. *Int J Fract*, 11(4) :549–562, 1975.

[187] R. A. Schapery. On the mechanics of crack closing and bonding in linear viscoelastic media. *Int. J. Fracture*, 39(1-3) :163–189, 1989.

[188] JA Greenwood. The theory of viscoelastic crack propagation and healing. *J. phys., D. Appl. phys. : (Print)*, 37(18) :2557 – 2569, 2004.

[189] JA Greenwood and KL Johnson. Oscillatory loading of a viscoelastic adhesive contact. *J. Colloid Interface Sci*, 296 :284–291, 2006.

[190] C.-Y. Hui, J. M. Baney, and E. J. Kramer. Contact mechanics and adhesion of viscoelastic spheres. *Langmuir*, 14 :6570, 1998.

[191] K. L. Johnson. *Microstructure and Microtribology of Polymer Surfaces*. Tsukruk, V. V., Wahl, K. J., American Chemical Society, 2000.

[192] Y. Y. Lin, C. Y. Hui, and J. M. Baney. Viscoelastic contract, work of adhesion and the jkr technique. *J. phys., D, Appl. phys.*, 32 :2250, 1999.

[193] Y.-Y. Lin and C. Y. Hui. Mechanics of contact and adhesion between viscoelastic spheres : An analysis of hysteresis during loading and unloading. *J. polym. sci., Part B, Polym. phys*, 40(9) :772 – 793, 2002.

[194] P. Attard. Interaction and deformation of viscoelastic particles : nonadhesive particles. *Phys. Rev. E.*, 63(6) :604–1609, 2001.

[195] P. Attard. Interaction and deformation of viscoelastic particles. 2. adhesive particles. *Langmuir.*, 17(14) :4322–4328, 2001.

[196] A.-S. Huguet and E. Barthel. Surface forces and the adhesive contact of axisymmetric bodies. *J. Adhesion.*, 74 :143–175, 2000.

[197] E. Barthel. On the description of the adhesive contact of spheres with arbitrary interaction potentials. *J. Colloid Interface Sci.*, 200 :7, 1998.

[198] E. Barthel. Surface deformations, spring stiffness and the measurement of solvation forces. *Thin Solid Films*, 330 :27, 1998.

[199] E. Barthel. The adhesive contact of spheres : when the interaction is complex. *Colloids and Surfaces A*, 149 :99, 1999.

[200] I. N. Sneddon. *Fourier Transform*. McGraw, New York, USA, 1951.

[201] R. S. Lakes and Wineman A. J. On poisson's ratio in linearly viscoelastic solids. *J. Elasticity.*, 85 :45, 2006.

[202] JA Greenwood and JBP Williamson. Contact of nominally flat surfaces. *Proc R Soc London Ser A*, 295(1442) :300–319, 1966.

[203] KNG Fuller and FRS Tabor. The effect of surface roughness on the adhesion of elastic solids. *Proc R Soc London Ser A*, 345 :327–342, 1975.

[204] D. Maugis. On the contact and adhesion of rough surfaces. *J. adhes. sci. technol.*, 10 :161–175, 1996.

[205] C Morrow, M Movell, and Ning X. A JKR-DMT transition solution for adhesive rough surface contact. *J Phys D : Appl. Phys*, 36 :534–540, 2003.

[206] C. Y. Hui, Y. Y. Lin, and C. Creton. Bonding of a viscoelastic periodic rough surface to a rigid layer. *J. polym. sci., Part B, Polym. phys*, 40(6) :545 – 561, 2002.

[207] G Carbone, L Mangialardi, and J Persson. Adhesion between a thin elastic plate and a hard randomly rough substrate. *Phys rev B*, 70 :125407, 2004.

[208] AG Peressadko, N Hosoda, and BNJ Persson. Influence of surface roughness on adhesion between elastic bodies. *Phys Rev Lett*, 95 :124301, 2005.

[209] BNJ Persson, O Albohr, C Creton, and V Peveri. Contact area between a viscoelastic solid and a hard, randomly rough, substrate. *J. chem. phys*, 120(18) :8779–8793, 2004.

[210] C. Fretigny and A. Chateauminois. Solution for the elastic field in a layered medium under axisymmetric contact loading. *J. Phys. D : Appl. Phys.*, 40 :5418–5426, 2007.

[211] D. B. Burr and M. Hooser. Alterations to the en bloc basic fuchsin staining protocol for the demonstration of microdamage produced in vivo. *Bone*, 17(4) :431–3., 1995.

[212] K. J. Jepsen, D. T. Davy, and O. Akkus. Observations of damage in bones. In CRC Press, editor, *Bone Mechanics Handbook*. S.C. Cowin, 2001.

[213] P H F Nicholson and M L Bouxsein. Quantitative Ultrasound does not reflect mechanically induced damage in human cancellous bone. *J. Bone Miner. Res.*, 15(2) :2467, 2000.

[214] M. Muller, J. A. Tencate, T. W. Darling, A. Sutin, R. A. Guyer, M. Talmant, P. Laugier, and P. A. Johnson. Bone micro-damage assessment using non-linear resonant ultrasound spectroscopy (NRUS) techniques : A feasibility study. *Ultrasonics*, 30 :30, 2006.

[215] M. Muller, A. Sutin, R. Guyer, M. Talmant, P. Laugier, and P. A. Johnson. Nonlinear resonant ultrasound spectroscopy (NRUS) applied to damage assessment in bone. *J Acoust Soc Am.*, 118(6) :3946–52., 2005.

[216] K. E.-A. Van Den Abeele, A. Sutin, J. Carmeliet, and P. A. Johnson. Microdamage diagnostics using nonlinear elastic wave spectroscopy. *NDT E int.*, 34 :239–248, 2001.

[217] D. Donskoy, A. Sutin, and A. Ekimov. Nonlinear acoustic interaction on contact interfaces and its use for nondestructive testing. *NDT E int.*, 34 :231–238, 2001.

[218] V. Aleshin and K. Van Den Abeele. Microcontact-based theory for acoustics in microdamaged materials. *J. Mech. Phys. Solids.*, 55(2) :366–390, 2001.

www.ingramcontent.com/pod-product-compliance
Lightning Source LLC
Chambersburg PA
CBHW021110210326
41598CB00017B/1397